含 CO 工业废气中
有机硫深度净化关键技术

宁平　李凯　易红宏　著

北　京
冶金工业出版社
2014

内 容 简 介

本书共分 7 章，主要内容包括：羰基硫和二硫化碳的来源、危害及性质；实验系统与实验方法；微波煤质活性炭为载体催化剂的开发；微波椰壳活性炭为载体催化剂的开发及再生研究；COS、CS$_2$ 同时催化水解反应动力学研究；改性微波活性炭同时脱除 COS、CS$_2$ 机理分析。

本书可供化学、化工、环境工程方面的科研和工程技术人员以及相关工程领域的技术人员参考使用。

图书在版编目（CIP）数据

含 CO 工业废气中有机硫深度净化关键技术／宁平，李凯，易红宏著 . —北京：冶金工业出版社，2014.1
ISBN 978-7-5024-6465-3

Ⅰ . ①含… Ⅱ . ①宁… ②李… ③易… Ⅲ . ①有机硫化合物—应用—工业废气—废气净化 Ⅳ . ①X701

中国版本图书馆 CIP 数据核字（2014）第 008735 号

出 版 人 谭学余
地 址 北京北河沿大街嵩祝院北巷 39 号，邮编 100009
电 话 (010)64027926 电子信箱 yjcbs@ cnmip. com. cn
责任编辑 郭冬艳 美术编辑 杨 帆 版式设计 孙跃红
责任校对 禹 蕊 责任印制 李玉山
ISBN 978-7-5024-6465-3

冶金工业出版社出版发行；各地新华书店经销；北京慧美印刷有限公司印刷
2014 年 1 月第 1 版，2014 年 1 月第 1 次印刷
169mm×239mm；9 印张；173 千字；133 页
29. 00 元

冶金工业出版社投稿电话：(010)64027932 投稿信箱：tougao@cnmip. com. cn
冶金工业出版社发行部 电话：(010)64044283 传真：(010)64027893
冶金书店 地址：北京东四西大街 46 号(100010) 电话：(010)65289081(兼传真)
（本书如有印装质量问题，本社发行部负责退换）

前　言

近年来，磷化工、煤化工、合成氨等行业迅速发展，由此产生的有毒有害气体急剧上升，其中的 COS、CS_2 属于典型的非常规大气污染物，对环境的污染和危害已成为我国大气污染必须关注的问题。磷化工是云南省的重要支柱产业之一，目前我国黄磷生产企业已超过130 家，年产量已达到 80 万吨。在黄磷生产过程中，CO 含量达85% ~95%，主要的杂质及其含量（体积百分比）为：O_2(0.5% ~ 1%)，H_2O(1% ~5%)，HCN(100 ~ 350mg/m³)，PH_3(750 ~ 1200mg/m³)，H_2S(800 ~ 1100mg/m³)，COS(700 ~ 1000mg/m³)，CS_2(20 ~ 80mg/m³)。

由于黄磷尾气的成分和性质较为复杂，目前，多数的黄磷生产企业仍然以燃烧方式排放，这不仅使尾气中丰富的 CO 资源无法得以有效利用，且其燃烧产物对大气环境会造成二次污染。虽然部分企业对黄磷尾气进行回收，但仅用于烘干原料，有效利用率低于30%。"云南省 2008 ~2012 年磷化工结构调整工作指导意见"明确规定要提高 1 万吨以上装置的磷炉尾气的利用率，其利用率须达 90% 以上，目的是要显著提高黄磷生产中资源的综合利用。因此，黄磷尾气综合利用已迫在眉睫。

我们前期对 COS 和 CS_2 的单独脱除展开了较为系统的研究，但在实际的黄磷尾气中，二者是共存的，有必要对黄磷尾气中 COS 和 CS_2 的同时脱除进行较为系统和深入地研究。目前脱除有机硫的方法可分为湿法和干法两种。湿法主要包括有机胺类溶剂吸收法和液态催化水解转化法。湿法的投资及操作费用高、动力消耗大、操作复杂，而且远达不到精脱硫的要求。干法主要有加氢转化法、氧化法、吸附法和水解法等。加氢转化法存在一定的副反应。氧化法虽然脱硫效率高，但是投资费用较大，且氧化法会将黄磷尾气中的 CO 氧化。吸附法主要用于高精度 H_2S 的脱除，其反应温度较高，且会有副反应的发生。作为目前脱除有机硫的主要方法之一，水解法的能耗较低，黄磷尾气中本身含有一定量的水蒸气（1% ~ 5%），采用水解法脱除其中的 COS 和 CS_2 无需引入其他气体，可充分利用资源。与此同时，实现黄磷尾气中 COS、CS_2 同时脱除，必须获得有机硫低温水解转化率高的催化剂。

近年来活性炭作为催化剂的研究受到国内外研究者的关注，因为其具有丰富及发达的微孔结构和良好的电导性，在一些反应中显示出较为理想的活性。我们在前期工作中，主要以市售煤质活性炭和市售椰壳活性炭为载体，负载铁（Fe）、铜（Cu）、镍（Ni）、锌（Zn）、锰（Mn）、钴（Co）、铈（Ce）、镧（La）等活性金属，对其单独催化水解 COS 和 CS_2 的活性进行了系统的研究和分析。结果表明活性炭的催化性能主要取决于其微孔结构和表面化学特性，后者主要指活性炭的表面氧化物，其可以提高活性炭的催化性能。

我们在项目组前期研究的基础上，根据黄磷尾气特征，采用催化水解法同时脱除黄磷尾气中的 COS 和 CS_2，以微波煤质活性炭和微波椰壳活性炭为载体，负载不同过渡金属氧化物和碱金属氧化物，对其 COS 和 CS_2 同时催化水解的性能进行了分析报道；初步探索改性微波活性炭同时脱除 COS 和 CS_2 的反应机理等问题；在理论研究的基础上，兼顾考虑催化水解工艺条件等应用基础问题，为有机硫催化水解的研究应用及黄磷尾气的资源化利用提供了理论依据。

本书的内容基于课题组的研究，在研究工作中，唐晓龙、黄小凤、汤立红、王红妍、何丹、王驰、孙鑫、黄彬、王建根、向瑛、陈晨、李云东等做了大量的工作；本书的内容还得到了国家"863 计划"项目、国家自然科学基金、云南省自然科学基金、昆明理工大学分析测试基金和昆明理工大学优秀博士培育计划项目的支持，在此一并表示感谢！

同时也要感谢支持本书的同事同仁、学生和助手。由于时间仓促，加之作者水平有限，书中不足之处，欢迎广大读者批评指正。

宁平　李凯

2013 年 9 月于昆明

目　录

1 概　述

1.1　羰基硫和二硫化碳的来源、危害及性质

1.1.1　羰基硫和二硫化碳的来源及危害

羰基硫（COS）和二硫化碳（CS_2）广泛存在于大气环境中，并且 COS 是大气层中对流层和平流层底的主要含硫气体，它们的来源可分为自然源和人为源。COS 的自然来源主要包括海洋、陆地的释放气，例如农田、沼泽地和火山喷发等。而大气中的 CS_2 和 COS 也有着密切的联系，在大气中，CS_2 和 HO·通过氧化反应过程可以生成 COS，并且在大气颗粒物的表面，CS_2 可被催化氧化生成 COS。COS 和 CS_2 的人为源主要来自工业废气的排放，其广泛存在于煤气、焦炉气、水煤气、炼厂气、天然气、克劳斯尾气以及其他化工行业尾气。

COS 和 CS_2 排放到大气环境中，会对环境和生物造成非常严重的污染和危害。例如，当 COS 和 CS_2 扩散到大气圈的平流层时，会通过光解－氧化作用生成 SO_2 气体，这是酸雨的主要来源之一，与此同时有可能转化为硫酸盐的气溶胶，引起大气层中臭氧的损耗，加剧全球气候变化；工业生产中的 COS 和 CS_2 对催化剂有毒害作用，使其催化效果和使用寿命受到严重的影响；同时由于 COS 和 CS_2 会通过缓慢的水解反应生成硫化氢（H_2S），腐蚀生产设备，不仅给工业生产带来了严重的经济损失，而且加大了设备投资和产品成本。与此同时，COS 和 CS_2 的吸入对人类身体健康存在较大的危害。其中，空气中 COS 的最高允许浓度是 $10mg/m^3$，因为使人致死浓度为 $8.9g/m^3$。COS 可以侵袭人类的神经系统，会带来巨大的危害；CS_2 可通过呼吸道、消化道和皮肤进入人体，作用于人体的各个器官，产生致畸、神经性衰弱、神经性麻痹、胚胎发育障碍和子代先天缺陷等症状，危及人们身体健康。

1.1.2　羰基硫和二硫化碳的性质

1.1.2.1　羰基硫和二硫化碳的物理性质

COS 的直线构造为 S＝C＝O，结构类似 CO_2，纯的 COS 气体无色无味，是一种有毒气体。其微溶于水，但是能速溶于醇、醇的碱溶液及甲苯。纯 CS_2 为无色的流动性液体，具有芳香气味和甜味。工业品的 CS_2 为黄色液体，具有类似烂

萝卜的难闻气味。作为典型的工业化学毒物，CS_2 靠近地面累积且不易挥发。其作为一种低沸点的液体，当在混合气体中含量较低时，以气体形态存在，COS 和 CS_2 主要物理性质如表 1-1 所示。

表 1-1　COS 和 CS_2 的物理性质

名称	分子式	分子量	密度 /kg·m^{-3}	沸点 /℃	熔点 /℃	临界压力 /MPa（atm）	临界密度 /g·cm^{-3}	临界温度 /℃
羰基硫	COS	60.07	2.104	50.20	-138.8	5.88（58.00）	0.43	102
二硫化碳	CS_2	76.13	1.26	46.23	-111.9	7.62（75.2）	0.37	279

1.1.2.2　羰基硫和二硫化碳的化学性质

COS 和 CS_2 的化学性质较为相似，它们可以在一定条件下发生水解、氧化和还原等反应，主要的化学反应为：

（1）水解反应

$$COS + H_2O \longrightarrow CO_2 + H_2S \tag{1-1}$$
$$CS_2 + H_2O \longrightarrow COS + H_2S \tag{1-2}$$
$$CS_2 + 2H_2O \longrightarrow 2H_2S + CO_2 \tag{1-3}$$

（2）氧化反应

$$2COS + 3O_2 \longrightarrow 2SO_2 + 2CO_2 \tag{1-4}$$
$$CS_2 + 3O_2 \longrightarrow 2SO_2 + CO_2 \tag{1-5}$$
$$COS + 4Br_2 + 12KOH \longrightarrow K_2CO_3 + K_2SO_4 + 8KBr + 6H_2O \tag{1-6}$$
$$CS_2 + 8Br_2 + 10H_2O \longrightarrow 2H_2SO_4 + CO_2 + 16HBr \tag{1-7}$$

（3）还原反应

$$COS + H_2 \longrightarrow CO + H_2S \tag{1-8}$$
$$CS_2 + 4H_2 \longrightarrow 2H_2S + CH_4 \tag{1-9}$$

（4）与二氧化硫的反应

当 COS 和 CS_2 与过量的二氧化硫混合，且在较高的反应温度下可生成元素硫。

$$2COS + SO_2 \longrightarrow 2CO_2 + 3S \tag{1-10}$$
$$CS_2 + SO_2 \longrightarrow CO_2 + 3S \tag{1-11}$$

（5）与氨和胺类物质的反应

氨和许多胺可与 COS 和 CS_2 迅速地反应。

$$COS + 2NH_3 \longrightarrow NH_2COSNH_4 \tag{1-12}$$
$$NH_2COSNH_4 \longrightarrow H_2S + NH_2CONH_2 \tag{1-13}$$
$$CS_2 + 4O_2 + 4NH_3 + 2H_2O \longrightarrow 2(NH_4)_2SO_4 + CO_2 \tag{1-14}$$
$$CS_2 + 2O_2 + 2NH_3 + 2H_2O \longrightarrow (NH_4)_2SO_4 + CO_2 \tag{1-15}$$

（6）与氢氧化钾的反应

$$COS + 3KOH \longrightarrow K_2CO_3 + KHS + H_2O \qquad (1-16)$$

$$CS_2 + 4KOH \longrightarrow K_2CO_3 + 2KHS + H_2O \qquad (1-17)$$

1.2 羰基硫和二硫化碳脱除技术

一般情况下，COS 和 CS$_2$ 的脱除方法可分为干法和湿法两种。其中，湿法脱硫的过程是先对其进行分离和富集，然后对其进行氧化，最终生成单质 S 或者 H$_2$SO$_4$。其中，有机胺类吸收法和液相催化水解法是比较常见的湿法脱除 COS 和 CS$_2$ 的方式。当进口的硫含量较高时，适宜用湿法脱除，但是湿法的投资费用较高，不便进行操作，且动力的损耗也较大。另外，湿法脱除过程中需不断添加脱硫剂，因此生产过程所产生的废液需再次处理。目前对于 CS$_2$ 的湿法脱除较为常用的方法是有机胺类（如乙醇胺等）脱硫法，但是该方法对于 CS$_2$ 的脱除效果并不理想。

干法脱硫技术是利用催化剂或吸附剂的吸附作用或者催化转化作用将 COS 和 CS$_2$ 脱除的过程，常见的干法脱硫技术包括吸附法、水解法、加氢转化法和氧化法（见表 1-2）。干法脱硫较湿法脱硫的精度高，基本无动力消耗，因此投资

表 1-2 干法脱除 COS 和 CS$_2$ 的方法对比

方 法	优 点	缺 点
加氢转化法	转化率高，如可以使石油裂化气中的 COS 的体积分数从 10^{-3} 降低到 4×10^{-8}	催化剂使用前需预硫化作用，且床层硫化温度要在一定范围内；当原料气中含有氧、一氧化碳、二氧化碳时，还伴有脱氧反应和甲烷化反应。催化剂价格高，易带来流程上的"冷热病"，并且存在一定的副反应
氧化法	脱除效率较高	投资过高，会将一些还原性气体氧化
吸附法	脱除效率较高	需在较高温度范围内再生，因而增大了再生过程的操作成本，且资金投入量大，有副反应产生
水解法	反应温度低、能耗低、不消耗氢源、副反应少。COS 水解催化剂具有常温活性高、使用温域宽、抗中毒性强、转化吸收有机硫效率高、节能等优点，广泛用于甲醇合成气、丙烯、煤气、二氧化碳、变换气等各种气体中 COS 的脱除	反应速度慢，在工业条件下难以达到希望的水解率

费用也较低，与此同时，干法脱硫技术适合脱除含硫量较低的原料气。但由于 COS 和 CS_2 本身不易脱除，所以传统的溶液吸收法和固体吸附法远达不到精脱硫的要求。

水解法脱除 COS 和 CS_2 的过程是：COS 和 CS_2 在催化剂上与 H_2O 发生水解反应生成产物 H_2S，而 H_2S 将被后续工段进一步脱除。水解反应的能耗较低，因为其反应温度不高，基本在 300℃ 以下就能完成，而且大部分原料气中含有水蒸气，无需引入反应物。与此同时，低温催化水解 COS 和 CS_2 的过程可有效避免副产物的产生，所以目前有越来越多的研究者们对水解脱除 COS 和 CS_2 的技术进行研究。

1.3　羰基硫和二硫化碳催化水解技术

1.3.1　羰基硫和二硫化碳单独水解催化剂的制备

COS 和 CS_2 单独水解催化剂主要分为负载型催化剂和非负载型催化剂两种。目前常用的为负载型催化剂，其载体一般选用活性炭、Al_2O_3 和 TiO_2，而活性组分常为碱金属、过渡金属、稀土金属氧化物等。而非负载型催化剂则以类水滑石为主，近年来对其他有相关的研究报道。

1.3.1.1　负载型水解催化剂

COS 和 CS_2 的负载型固体水解催化剂主要有活性炭基、Al_2O_3 基、TiO_2 基等，并浸渍一定量碱（碱土）金属、贵金属、过渡金属、稀土金属等。催化剂的活性及使用寿命与催化剂的制备方法和制备条件有关，而且受反应条件的影响。提高催化剂综合性能的另一条途径是开发新型催化剂，如 TiO_2 基活性高于 Al_2O_3 基催化剂的活性，且 TiO_2 基的抗氧化能力较强；而 ZrO_2 基催化剂的活性高于 TiO_2 的水解活性等。然而，单一活性组分制得的水解催化剂很难达到工业上需要的脱硫精度。中低温有机硫水解催化剂的开发具有很好的工业应用前景，故目前正在研制多种金属氧化物作为水解催化剂的活性组分，以达到工业上精脱硫的要求。

A　载体的选择

在催化剂制备的过程中，载体的选择是十分重要的，载体不仅需要良好的机械强度和抗烧结能力；而且其比表面积、表观结构等均会对催化剂的活性具有决定性的作用。对于 COS 和 CS_2 水解催化剂，常用的载体分为两类：一类是金属氧化物基载体，例如 Al_2O_3 和 TiO_2；另一类是非金属氧化物载体，如活性炭类。

目前，研究报道较多的催化水解 COS 和 CS_2 所用的催化剂载体是 γ-Al_2O_3、TiO_2 以及二者的混合物，并浸渍一定量的活性组分。其中，γ-Al_2O_3 是一种多孔结构的物质，其热稳定性、吸附性、表面活性和机械强度较好，因此对其研究也相对比较广泛。但是它的比表面积较小，抗硫酸盐的能力相对较差；而 TiO_2 的抗毒能力较强，活性也较 $\gamma - Al_2O_3$ 高。Dowling 等分别研究了 Al_2O_3 和 TiO_2 载体对 COS 和 CS_2 的脱除效率，研究认为，当没有 H_2S、SO_2 和 O_2 存在时，Al_2O_3 的活性较 TiO_2 要高，反之则 TiO_2 的活性较高。Laperdrix 等也得到了相似的研究结果，同时，他还认为 TiO_2 可减少催化剂表面硫酸盐的生成而引起的催化剂失活。他还对 Al_2O_3、TiO_2 和 ZrO_2 三种载体的失活行为进行了对比，研究发现三种载体的活性顺序依次为 $ZrO_2 > TiO_2 > Al_2O_3$。同时，TiO_2 基催化剂抗硫酸盐能力较强，在工业应用中，以 TiO_2 为载体制备出的催化剂因其抗压强度高、操作温度较宽，故在一定程度上可提高该催化剂的经济效益和社会效益。究其 $\gamma - Al_2O_3$ 的活性低于 TiO_2 的原因，Clark 等认为可能是因为原料气中含有 SO_2 时，$\gamma - Al_2O_3$ 对 CS_2 催化水解有一定的局限性。而 TiO_2、ZrO_2 是效果相对较好的水解催化剂载体，当反应温度分别是 210℃ 和 205℃ 时，其水解效率均达到 90%，其反应温度较 $\gamma - Al_2O_3$ 催化剂有大幅度降低。

活性炭（AC）作为一种特殊的载体，其微孔结构丰富，比表面积较大，孔容较高，在一些反应中体现出较高的活性。在低温精脱硫过程中，活性炭起到了重要的作用，而对 COS 和 CS_2 的脱除来说，要想提高活性炭的催化活性，必须在活性炭载体上负载相应的活性组分。Fan Huiling 等通过研究发现，反应温度的升高有利于 COS 气体在反应初期时的吸附量增大。K_2CO_3 作为活性组分催化水解 COS，温度升高后，水解反应的速率增加，水解产物 H_2S 被活性炭吸附，从而抑制了 COS 的水解反应，导致 COS 吸附量急剧下降。Wang 等研究了在低温环境中，Ce - K/AC 催化剂催化水解 - 氧化脱除 CS_2，而水解产物 H_2S 被完全转化成单质硫或硫酸盐。

易红宏等选用煤质活性炭作为载体，负载一定量的 Fe_2O_3 制备出催化水解 COS 催化剂，催化水解效果较好，维持 100% COS 转化率的时间为 120min，王红妍等也采用煤质活性炭为载体制备出 Mn/AC 催化剂，该催化剂在反应温度为 40 ~ 70℃，空速为 1000 ~ 2500/h，水汽含量为 2.40% ~ 6.20%，COS 质量浓度为 0.9 ~ 2.5g/m³ 下具有较高的脱硫精度和稳定性。He Dan 等，采用同样的方法制备出 Fe/AC 催化剂用于催化水解脱除 CS_2，研究发现，该催化剂对 CS_2 也有一定的脱除效率，该催化剂在反应温度为 50℃，空速为 7000/h，水汽含量为 3.0%，CS_2 质量浓度为 138mg/m³ 下具有较高的脱硫精度。

Li Wang 等人考察了不同种类的活性炭载体在相同制备条件和操作条件下脱除 CS_2 的效果，研究发现，木质活性炭脱硫效果明显优于椰壳活性炭和煤质活性炭，其硫容依次为木质活性炭 > 椰壳活性炭 > 煤质活性炭。因为木质活性炭具有丰富的中孔和大孔结构，以及表面具有较为丰富的活性组分。

B 活性组分与助剂的选择

碱、碱土金属作为活性组分可以提高催化剂的水解活性。经研究表明[51,53]在低温（30~80℃）下 K_2O 不仅能够提高 COS、CS_2 水解催化剂的反应活性，还能增强其稳定性。于丽丽通过实验研究表明，碱种类对 COS 的水解活性影响很大，煤质活性炭负载 5% 的 Fe_2O_3 及 8% 的 KOH 后，100% 的 COS 转化率维持的时间为 180min，同时出口没有检测到 H_2S，不同碱种类催化活性的顺序为：$KOH > Na_2CO_3 > NaHCO_3$。George 经研究得到相似的结论，发现引入少量的 NaOH 对 COS 的水解效率有较大幅度的提高。Barry Thomas 等分别在 $\gamma - Al_2O_3$ 上添加了 Li^+，Na^+，K^+，Cs^+，Mg^{2+}，Ca^{2+}，Ba^{2+}，Si^{2+} 等碱性离子，考察其对 COS 脱除效率的影响，研究发现仅仅 K^+ 和 Cs^+ 会使 COS 的转化率有持续的改善，有趣的是 Na^+ 和 Mg^{2+} 的添加会在最初阶段对 COS 的脱除有明显的促进作用，而随着时间的增加，其活性会明显下降。

近年来，大多数水解催化剂均采用一种或几种过渡金属、碱或碱土金属、稀土金属的混合物浸渍，取得了较好的催化水解效果，且水溶性流失也都较单纯的碱金属有所下降。例如，John，Hongmei Huang 等发现 Cu 对 COS 水解活性的促进作用发生在反应的初始阶段，随着反应进行，其活性比纯的载体效果还要差，而 Ni 和 Zn 的催化性能比较稳定，且优于纯的氧化铝载体。Tongs 通过研究提出了促进催化剂的活性与材料 M-S 键的结合能关系，其中，Fe-S 键能够为催化剂最佳的表面活性。文献 [72] 中以二氧化钛为活性组分，与其他组分混合制得 LYT-511 型水解催化剂，该催化剂在硫和氧含量较高的情况下对 COS 和 CS_2 的转化率可达 96%（反应温度 150~350℃），其应用前景较为乐观。余春等分别将 TiO_2 和 V_2O_5 作为活性组分负载在 $\gamma - Al_2O_3$ 载体上制备出脱硫催化剂，在一定条件下催化水解 CS_2 的转化率均在 30% 以上，而且它们都具有良好的抗氧中毒能力。与此同时，有研究认为，多种活性组分的组合可改变催化剂表面碱性官能团的分布，以此使催化剂的使用寿命得以延长。Krishna K. Pandey 考察了 COS 和 CS_2 与过渡金属复合物的反应，研究发现，CS_2 与金属氧化物的反应要比 COS 与金属氧化物的反应困难，故用过渡金属氧化物脱除 COS 较脱除 CS_2 容易。严明佳对 COS 的催化水解做了研究，以堇青石为催化剂载体，$\gamma - Al_2O_3$ 和 $La(OH)_3$ 为活性组分，研究反应温度较低条件下，COS 水解活性随负载量的增大而增加。

近几年，稀土氧化物的催化性能被人们所重视，Yiqun Zhang 研究了稀土金属氧化物催化水解 COS 的活性，研究表明，稀土金属氧化物的水解活性与其生成硫氧化物的难易程度有着一定的关系。Yanqian Gu 等研究发现稀土氧化铈能够使贵金属 Pt 在催化剂上的分散度增强，提高 COS 的水解活性。王丽等[51]对稀土金属氧化物水解 CS_2 的活性做了相关研究，他们选择活性炭为载体，考察了金属氧化物种类、含量对催化水解 CS_2 的影响，研究表明 Ce 和 K_2CO_3 的含量分别为

5%和14%时，催化剂具有最佳的催化水解活性，其在一定反应条件下转化率可达到90%以上。宁平等考察了复合金属氧化物对COS水解活性的影响，结果表明，当煤质活性炭上负载的Fe：Cu摩尔比为10：1时，所得的催化剂催化水解COS的活性最高，240min时COS转化率仍高于95%，并且，在此基础上添加稀土Ce，且其含量在$n(Fe)：n(Ce)=20$时水解催化效果较好。

1.3.1.2　非负载型水解催化剂

A　类水滑石催化剂

水滑石（Hydrotalcite）是一种层状结构的黏土，1942年，Feitknecht等人通过人工方法，将金属盐溶液与碱金属氢氧化物进行混合反应，合成了水滑石材料，并提出了水滑石的双层结构模型。Miyata等对水滑石的结构特点进行了详细的研究，并对其作为一种新型催化材料进行应用并开展了探索性研究。到20世纪80年代，Reichle等提出了水滑石及其煅烧产物能够在催化反应中得以应用的结论。90年代至今，越来越多的学者对其进行了研究和开发，其独特的结构以及阴离子的可交换性，使得人们越来越重视到水滑石及其焙烧产物所潜在的应用价值。

类水滑石类化合物（Hydrotalcite – like Compounds）的主体属于层状的复合氢氧化物，这种物质是由两种金属氢氧化物组成的，这类化合物通常由人工合成。近年来，这类化合物被越来越多的研究者重视。作为一种新型催化剂材料，研究者们对其结构、反应性能以及反应机理做了深入的探索，研发了多种具有催化/吸附性能的水滑石材料。王红妍，易红宏等制备出不同种类的新型类水滑石复合氧化物，用于催化水解COS，研究表明，其催化水解效果比较理想。例如，以Co – Ni – Al类水滑石为前驱体所制备的催化剂，当Co和Ni的摩尔比为0.25：1，焙烧温度为350℃，晶化温度为50℃，$n(M^{2+})/n(M^{3+})=2$，合成pH值在9左右，合成温度为25℃时制备的催化剂催化水解COS效果最好。并且添加稀土元素La或者Ce后，催化剂水解活性有所提高。

B　其他种类催化剂

采用过渡金属氧化物、稀土金属氧化物等直接脱除COS或者CS_2的研究也有相应的报道。Eiji Sasaoka对ZnO和COS之间的反应进行了研究，发现H_2S和ZnO可以较容易发生反应，其中大部分COS被催化水解成H_2S，只有少部分的COS可以与ZnO反应。同时，H_2的引入可以促进COS转化成H_2S，而水蒸气的引入有利于COS与ZnO直接反应。A. Sahibed – Dine等对CS_2在Al_2O_3、ZrO_2、ZnO、CeO_2上的反应进行了研究，研究表明CS_2是先吸附在这些金属氧化物表面，然后发生水解反应。

1.3.2　羰基硫和二硫化碳同时水解催化剂的制备

目前，针对COS和CS_2同时水解催化剂的制备和开发尚未有较为深入的研究报道，上官炬等对不同氧化铝基催化剂催化水解脱除 COS 和 CS_2 的活性进行了对比分析，研究发现，氧化铝基催化剂上 COS 水解转化率远远高于 CS_2。K_2O 和 Pt 的引入可以有效提高 COS 和 CS_2 的水解效率，另外，弱表面碱性中心和次弱碱性中心作为活性中心均参与了 CS_2 的催化水解反应，但是 COS、CS_2 水解过程的活性中心应该主要属于弱碱性中心。他们研究还发现 COS 在 $Pt - K_2O/Al_2O_3$ 催化剂上可以实现低温水解，而 CS_2 的水解反应则要在高温条件下才能实现。

1.3.3　羰基硫和二硫化碳单独水解催化剂的失活及再生

1.3.3.1　水解催化剂失活的原因

导致 COS 和 CS_2 水解催化剂失活的原因普遍认为是硫的沉积或硫酸盐化所致。林建英等对失活催化剂进行了研究，认为催化剂失活是由于催化表面生成硫酸盐或者单质硫所致。梁美生等研究发现只有当硫化氢和氧共存时，才会导致催化剂失活，并且当反应温度过高时有利于硫酸盐的生成。一般认为，低温下（<200℃）催化剂失活的主要原因是硫的沉积，而高温（>200℃）时，催化剂失活的主要原因则是硫酸盐的生成。相关研究发现，催化剂表面碱中心的碱含量和反应生成的 SO_4^{2-} 物种对催化剂的活性有比较大的影响，催化剂表面生成的硫酸盐物种会使催化剂的比表面积下降，抑制了催化剂的水解活性。黄镕等认为，当反应温度过高时，水解催化剂容易生成硫酸盐使其中毒，且随着温度的增加，硫酸盐生成速率也随之增加。刘峻峰等研究发现，造成 COS 催化剂中毒的主要原因是 COS 很容易在催化剂表面发生水解反应产生 CO_2、H_2S、单质 S 以及 HCO^{3-}、HSO^{3-} 及 SO_4^{2-} 等物种，这些物种的产生在一定程度上抑制了催化水解的反应，使催化剂中毒失活。

研究发现原料气的组分及工况条件对催化剂中毒也有比较大影响。Lavalley 研究表明，二氧化硫的存在能使催化剂的活性降低。周广林等通过对新鲜催化剂和失活催化剂的对比，表明大量硫和氧沉积在催化剂的表面是导致催化剂失活的主要因素，其反应式为：

$$H_2S + [O] \longrightarrow H_2O + [S] \tag{1-18}$$

$$COS + [O] \longrightarrow CO_2 + [S] \tag{1-19}$$

$$[S] + 2[O] \longrightarrow SO_2 \tag{1-20}$$

黄劲等对导致 COS 水解催化剂失活的因素进行了总结，这些因素主要包括 O_2 含量，CO_2 含量，H_2S 含量，水汽含量，SO_2 含量以及反应温度等。这些原料气中的杂质气体与 COS 气体在催化剂表面产生竞争吸附，从而抑制 COS 的吸附与水解。王国兴等认为催化剂失活很可能是因为水汽在催化剂的微孔中产生凝结现象，所以可通过适当减少水汽含量来抑制其对催化活性的影响。

抑制催化剂失活的主要方法有以下几点：首先是要尽量降低催化水解的反应

温度，因为反应温度过高容易使水解催化剂生成大量硫酸盐，使催化剂中毒失活；其次，O_2 存在时，也会导致水解催化剂表面产生硫沉积与硫酸盐化现象，使得催化剂失活，所以反应体系中的氧含量不能过高。除此之外，增大催化剂的微孔孔径，提高催化剂微孔的分散度，这样可以在一定程度上减少硫的堵塞。

1.3.3.2　水解催化剂的再生

周广林等研究出催化剂失活后的再生方法：先焙烧，水洗，然后浸渍再生溶液并烘干，再进行焙烧处理得到成品，此方法所得水解催化剂活性恢复比较理想，且活性稳定性良好，但是此种再生方法流程较为繁琐，操作复杂，其再生费用相对较高，因此探索合理的催化剂现场再生方法是低温羰基硫水解催化剂的一个主要发展方向。于丽丽等研究表明，N_2 热再生法效果较好，特别是在 250℃ 下的效果最为理想，与此同时，进行了酸碱滴定实验，表明再生后催化剂表面碱性官能团有所减少，而酸性官能团含量则有所增加。

1.4　羰基硫和二硫化碳单独水解反应动力学和反应机理研究

1.4.1　COS 和 CS_2 单独水解反应动力学

催化水解反应级数根据工艺条件和催化剂的不同结论也不同，大多数研究者认为对 COS 水解反应是一级反应，而 H_2O 的反应级数则不一定，主要受催化剂和工艺条件（主要是反应温度）的影响。例如，在反应温度较低且水汽比较高的情况下，COS 水解对水的反应级数为 -0.5，对 COS 的反应级数是 1；而在 $\gamma - 906$ 型及 $T - 24$ 型催化剂的 COS 水解反应动力学研究中发现水解反应受内扩散和化学反应的共同控制，水解反应对 COS 的反应级数为 0.53，对 H_2O 的反应级数为 1。但通过对 Al_2O_3 催化剂在惰性气氛中的催化水解反应，研究发现，H_2O 较 COS 更容易吸附在催化剂表面上；所建立的模型与催化水解反应体系也是比较相符的，这说明气态的 COS 与吸附态的 H_2O 之间的反应是整个反应的控制步骤。

郭汉贤等对 COS 催化水解反应本征动力学进行了详细研究，指出 COS，CS_2 催化水解过程是碱的催化反应过程，水解的活性中心为弱表面碱性中心，同时次弱碱性中心对 CS_2 水解也有一定的作用。Williams John 等研究得出，在反应温度为 250℃ 下，在以 Al_2O_3 为载体制备的催化剂上，COS 的水解反应速率与 Langmuir - Hinshelwood 动力学方程相符：

$$r = \frac{k_1[\text{COS}][\text{H}_2\text{O}]}{1 + k_2[\text{COS}] + k_3[\text{H}_2\text{O}]^2} \tag{1-21}$$

式中，k_1 是反应速率常数，$k_1 = k \cdot k_{\text{COS}} \cdot k_{\text{H}_2\text{O}} \cdot XS^2$，XS 指的是总的可利用的活性部位的浓度，$k_2$ 和 k_3 分别是 COS 和 H_2O 平衡常数。研究表明 COS 的水解速

率随着 H_2O 的增加而减小，当没有产物吸附在催化剂表面上时，水解反应符合上述动力学方程。但是尚不能确定控制步骤是 COS 在催化剂表面上的吸附反应还是吸附态 H_2O 与 COS 的反应。Fiedorow 也通过研究证明了在 $\gamma - Al_2O_3$ 催化剂上，COS 的反应级数是 1，水的反应级数是 0。Tong 等人的研究认为在反应温度超过 200℃ 时，对 COS 的反应级数为 1，而对水的反应级数和其分压相关，当分压超过 0.26MPa 时，H_2O 的反应级数为负值。

上官炬等研究指出，COS 是 CS_2 水解的中间产物，但是 CS_2 水解成 H_2S 则占关键步骤。王丽等分析表明，COS 的平衡浓度分别比 CS_2 和 H_2S 低 2～3 个数量级，这也证明了 CS_2 水解的中间产物含有 COS，而 CS_2 转变成 COS 的反应速率明显低于 COS 水解生成 H_2S 的反应速率，因此，CS_2 水解生成 COS 是整个水解反应的控制步骤。Huisman 等研究表明催化水解反应级数与反应温度密切相关，当反应温度大于等于 330℃ 时，对 H_2O 是零级，当反应温度在 250～330℃ 范围时，对 H_2O 是正级，当反应温度低于 250℃ 时，水解反应对 H_2O 是负级，CS_2 不受反应温度的影响。王丽等建立了以失活催化剂表面上单质 S 的沉积为基础的动力学模型，结果显示建立的模型结果与 CS_2 的穿透曲线结果是一致的。

1.4.2　COS 和 CS_2 单独水解反应机理

国内外有许多关于催化水解脱除 COS 和 CS_2 反应机理的报导，但研究结果并不完全一致，这主要是因为不同的水解催化剂所对应的反应路径也不相同。

19 世纪 70 年代，就有相关报道对 Co - Mo 催化剂上 COS 的水解反应进行了相关研究[119]，研究指出，催化剂表面部分被 - OH 和 H_2O 覆盖，COS 受离子偶极的作用而吸附在催化剂上。同时，碱性中心就是水解反应的活性中心，对 COS 水解过程起到关键作用。V. A. Ivanov 等在 Al_2O_3 催化剂表面添加 Na_2O，当 Na_2O 浓度小于 1000×10^{-6} 时其催化剂的活性要低于 Na_2O 浓度大于 2500×10^{-6} 时催化剂的活性，这是因为高浓度的 Na_2O 会引起碱性的增加，使催化剂的水解活性增强。

Akimoto 等人为了进一步确定 COS 水解反应的机理，他们先对 Al_2O_3 催化剂进行预处理，结果表明，反应温度为 230℃ 时，如果在反应体系中引入碱性较强的有机物时，催化剂会快速的失活，研究还认为，COS 首先吸附在催化剂表面的活性中心，然后和吸附在活性中心上的 H_2O 发生反应。上官炬等研究认为催化剂表面碱性中心的类型、碱性强度以及碱性官能团的数目都会对 COS 的水解产生影响。近年来 Hoggen 等分别用 FTIR 光谱和量子化学计算分析了 COS 在 $\gamma - Al_2O_3$ 上的水解反应，也得到了相似的结论。Wislon 等研究了氢氧根与 COS 的系统表面位能，发现可旋转的氢氧基团是可以旋转的，且为最近的硫原子提供了 H 原子，以至于形成水解产物 CO_2 和 H_2S。

　　Hanaoka 等对活性炭脱除 COS 的机理进行了相关研究，研究发现，活性炭在 400℃时，能有效地去除 COS，部分 COS 被分解成 CO_2。同时，在此条件下活性炭也对 H_2S 有脱除效果，而且在活性炭上 H_2S 几乎是不会被分解的。金属氧化物 Fe_2O_3 引入后能够提高 H_2S 的分解。这说明当 H_2S 与 Fe_2O_3 反应生成的硫化物影响了其支配作用，而 COS 更容易被吸附在催化剂表面。

　　CS_2 的水解机理与 COS 水解反应机理相似，也是在催化剂碱催化作用下进行的水解反应，而 COS 是 CS_2 的水解中间产物。郭晓汾利用 FT – IR 研究表明 CS_2 在 Al_2O_3 催化剂上的吸附过程有以下两种可能：一种 CS_2 与催化剂上吸附态的 H_2O 反应使部分 CS_2 水解；另一种为 CS_2 在催化剂上先水解生成中间产物 COS，然后 COS 进一步与 H_2O 进行反应。文献［127］提出了其催化水解 CS_2 的机理为 $CS_2 \rightarrow COS \rightarrow H_2S \rightarrow S/SO_4^{2-}$。

　　另外有相关报道指出催化剂碱性的强弱会对 CS_2 的水解产生较大的影响。且 CS_2 的水解速率随着碱含量的增加而增加。张文郁等研究表明催化剂的比表面积也对 CS_2 的水解反应起到了一定的积极作用。邹丰楼等针对 CS_2 催化水解反应提出了修正的阿累尼乌斯公式，指出了补偿效应中的补偿项，对补偿效应作了解释。

　　现有的 COS 和 CS_2 的脱除方法均存在一定的不足，其中，虽然还原法和氧化法的脱除率较高，但工艺流程和工艺条件复杂、投资费用大，制约了在工业上的发展；吸收法的催化剂性能好，但净化度低；催化水解法因其脱除效率高，操作简单，是目前脱除有机硫的主要方法。因此应该大力开发和研制低温条件下催化水解 COS 和 CS_2 的脱除技术。通过大量研究可知，导致水解催化剂失活的主要原因是由于催化剂表面生成大量硫酸盐并导致碱含量降低。与此同时，目前国内外大多数研究只是集中于单独脱除 COS 或者 CS_2 水解催化剂的开发，而同时催化水解脱除 COS 和 CS_2 的研究相对匮乏。而在今后的研究中，应该集中于低温催化剂的开发，并进一步提高催化剂的各种性能（例如：碱性和比表面积、增加表面亲水性等），使 COS 和 CS_2 同时脱除的催化剂具有低温效果好、稳定性好、抗毒能力强的优点。

2 实验系统与实验方法

2.1 实验研究技术（方案）路线

本书中研究的实验技术（方案）路线如图 2 – 1 所示。

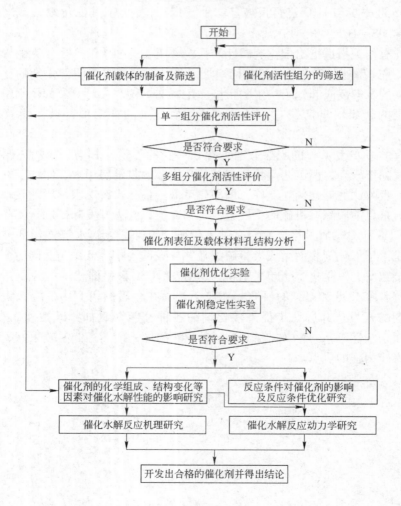

图 2 – 1 实验技术（方案）路线图

2.2　实验仪器及药品

实验所用仪器设备包括催化剂筛选和制备所用设备、催化活性评价过程所用设备和气体检测分析所用设备，实验所用仪器设备详见表2-1。

表 2-1　实验使用设备一览表

仪 器 名 称	型 号 规 格	生 产 厂 家
数控超级恒温水浴	HH-601	金坛市杰瑞尔电器有限公司
高纯氢发生器	SGH-300	北京东方精华苑科技有限公司
低噪声空气泵	SGK-2LB	北京东方精华苑科技有限公司
COS 钢瓶气	1%	广东佛山科的气体有限公司
CO 钢瓶气	99.50%	昆明梅塞尔气体产品有限公司
CS_2 钢瓶气	0.3%	大连大特气体产品有限公司
N_2 钢瓶气	99.99%	昆明梅塞尔气体产品有限公司
H_2S 钢瓶气	1%	大连大特气体产品有限公司
O_2 钢瓶气	99.999%	昆明梅塞尔气体产品有限公司
高纯 N_2 钢瓶气	99.999%	昆明梅塞尔气体产品有限公司
恒温鼓风干燥箱	DHG-90A	上海索谱仪器有限公司
箱式电阻炉	HS07-200	天津华北试验仪器有限公司
双频数控超声波洗涤器	KQ-300VDE	昆山市超声仪器有限公司
HC-6 微量硫磷分析仪	HC-6	湖北华烁
智能烟气分析仪	TH-990	北京天虹智能仪表公司
管式电阻炉	DRZ-4N	天津市华北实验仪器有限公司
低温恒温槽	DKB-2015	上海精宏实验设备有限公司
分体式温湿度计	AR847$^+$	希玛仪表有限公司
质量流量计	DC110000130	东莞德欣电子科技有限公司
流量计控制仪	DSN-400	东莞德欣电子科技有限公司
粉末压片机	FW-4A 型	天津市拓普仪器有限公司
不锈钢蒸馏水机	YA-ZD-5	上海南阳仪器有限公司
万用电炉	DL-1	北京市永光明医疗仪器厂
电子分析天平	AL204	梅特勒-托利多仪器有限公司
玻璃管式固定床反应器	$\phi8\times200$ 或 $\phi3\times100$	自行研制

催化剂制备和活性评价实验过程中所需的主要化学药品和试剂详见表 2-2。

表 2-2　实验药品一览表

仪器名称	分子式	分子量	纯 度	生产厂家
无水碳酸钠	Na_2CO_3	105.99	分析纯	天津市致远化学试剂
硝酸铁	$Fe(NO_3)_3 \cdot 9H_2O$	404.00	分析纯	汕头市西陇化工厂有限公司
硝酸铜	$Cu(NO_3)_3 \cdot 3H_2O$	241.60	分析纯	成都市科龙化工试剂厂
硝酸镍	$Ni(NO_3)_2 \cdot 6H_2O$	290.80	分析纯	天津市风船化学试剂科技有限公司
硝酸钴	$Co(NO_3)_2 \cdot 6H_2O$	291.03	分析纯	天津市风船化学试剂科技有限公司
硝酸铝	$Al(NO_3)_3 \cdot 9H_2O$	375.13	分析纯	天津市风船化学试剂科技有限公司
硝酸锌	$Zn(NO_3)_2 \cdot 6H_2O$	297.49	分析纯	成都市科龙化工试剂厂
氢氧化钾	KOH	56.11	分析纯	天津市永大化学试剂有限公司
无水碳酸钾	K_2CO_3	138.21	分析纯	天津市风船化学试剂科技有限公司
碳酸氢钾	$KHCO_3$	100.12	分析纯	天津市福晨化学试剂厂
氢氧化钠	NaOH	40.00	分析纯	成都市科龙化工试剂厂
碳酸氢钠	$NaHCO_3$	84.01	分析纯	天津市致远化学试剂
硝酸铈	$Ce(NO_3)_3 \cdot 6H_2O$	434.24	分析纯	成都市科龙化工试剂厂
硝酸镧	$La(NO_3)_3 \cdot 6H_2O$	433.02	分析纯	成都市科龙化工试剂厂
溴化钾	KBr	119.00	光谱纯	天津市光复精细化工研究所

2.3　催化剂活性测定及气体分析

本书的研究中，催化剂的活性由 COS 和 CS_2 的转化率来体现。催化剂的活性评价实验在自制的固定床反应器上进行，实验系统包括配气、催化反应和分析测试三部分，实验流程如图 2-2 所示。COS 和 CS_2 同时催化水解反应在 $\phi 8mm \times 200mm$ 或 $\phi 3mm \times 100mm$ 的固定床玻璃管反应器中进行。催化剂颗粒装填在固定床玻璃管反应器中，两段用石英棉堵紧固定住催化剂。通过 99.99% N_2、1% COS 和 0.3% CS_2 进行配气，气体流量分别由质量流量计控制并进入混合罐混合。其中，水蒸气由水饱和器带入固定床反应器，实验空速范围为 5000～20000/h，反应温度范围为 30～70℃，温度控制采用循环水浴锅进行，控温精度在 ±1℃。不同空速和不同载体下的催化剂装填量也有所不同，微波煤质活性炭的装填量范围为 0.15～0.45g，微波椰壳活性炭的装填量范围为 0.14～0.37g。实验用气规格参数见表 2-3，实验工艺条件参数见表 2-4。

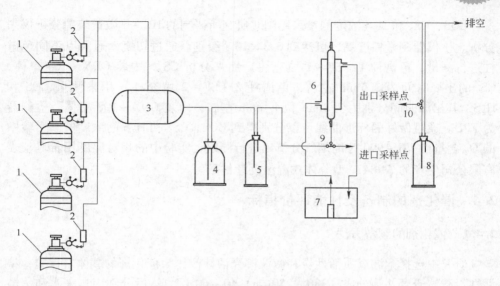

图 2 – 2 催化剂活性评价实验装置图

1—钢瓶气（N_2/CO、COS、CS_2、O_2）；2—质量流量计；3—混合罐；4—干燥器；5—水饱和器；
6—固定床反应器；7—恒温控温仪；8—尾气吸收；9—进口采样点；10—出口采样点

表 2 – 3 实验用气规格参数

气 体 成 分	浓度/%	规 格
N_2	99.99	T40L/15.0MPa
O_2	99.999	T40L/15.0MPa
高纯 N_2	99.999	T40L/15.0MPa
CO	99.5	T40L/9.0MPa
COS/N_2（混合气）	1	T40L/9.0MPa
CS_2/N_2（混合气）	0.3	T40L/9.0MPa
H_2S/N_2（混合气）	1	T40L/9.0MPa

表 2 – 4 实验工艺条件参数

实 验 条 件	参 数 范 围
反应温度/℃	30 ~ 70
反应空速/h^{-1}	5000 ~ 20000
COS 进口浓度/$mg \cdot m^{-3}$	490 ~ 1100
CS_2 进口浓度/$mg \cdot m^{-3}$	15 ~ 620
水饱和器温度/℃	0 ~ 40
O_2 含量/%	0 ~ 12
载气种类	N_2/CO

COS、CS₂ 和 H₂S 浓度测量采用湖北研究所研制的 HC - 6 微量硫磷分析仪来分析。该仪器测量精度高，可达到 0.3×10^{-6} 级别。通过切换六通阀以不同色谱柱进行测量，色谱柱 1（SF - 1 填充柱）用来分析 CS₂，内装 GDX - 104 单体，CS₂ 的出峰时间为 2.5min 左右，色谱柱 2（SF - 2 填充柱）用来测量 COS 和 H₂S，其出峰时间分别为 7.8min 和 4.6min 左右，内装 GDX - 108 单体，检测器为 FPD。通过做好的标准曲线可以分别得到 COS、CS₂ 和 H₂S 的浓度值。实验中的 O₂ 含量由 TH - 990 智能烟气分析仪进行测定。实验中的相对湿度用希玛仪表有限公司生产的 AR847⁺ 型分体式温湿度计估量。

2.4 催化剂的制备及性能评价指标

2.4.1 催化剂的制备方法

研究中选择微波煤质活性炭和微波椰壳活性炭作为催化剂的载体。首先，将活性炭载体研磨并筛分成（380~250μm）40~60 目，然后分别用自来水和蒸馏水清洗 5~7 遍至上清液无混浊物悬浮，在 100~120℃ 下于鼓风干燥箱中烘干。烘干后的载体在 1mol/L 的 KOH 溶液中煮沸 1.5~2.0h，再用蒸馏水洗至 pH 恒定（pH≈7），在 100~120℃ 的鼓风干燥箱中烘干 3~5h 后备用。

采用溶胶凝胶法制备活性组分，配制不同浓度金属硝酸盐溶液，并加入适量 Na₂CO₃ 溶液进行混合，将活性炭载体恰好完全浸入水溶胶中，超声浸渍 30min 后于 100~120℃ 烘箱中干燥 3~5h，然后在马弗炉中以空气为载气在一定温度下焙烧 3h，焙烧后的催化剂浸渍于一定浓度的碱性溶液中，超声波浸渍 30min 后于 100~120℃ 烘箱中干燥 3~5h 即可制成最终所需的催化剂。

2.4.2 催化剂活性评价指标

实验过程中可以根据实际情况调节实验反应空速及 COS 和 CS₂ 的进口浓度。用针筒注射器在进出口进行采样。对采样气用 N₂ 以不同的稀释倍数进行稀释，以达到仪器的检测范围。根据进、出口 COS 和 CS₂ 浓度，出口 H₂S 浓度，可以得到 COS 和 CS₂ 的水解转化率：

（1）COS 水解转化率

$$\eta_{COS} = \frac{C_0 - C_i}{C_0} \times 100\% \tag{2-1}$$

式中 η_{COS}——COS 去除效率，%；

C_0——COS 进口平均浓度，mg/m³；

C_i——COS 出口浓度（$i = 1, 2, 3, \cdots$），mg/m³。

（2）CS₂ 水解转化率

$$\eta_{CS_2} = \frac{C_0' - C_i'}{C_0'} \times 100\% \tag{2-2}$$

式中　η_{CS_2}——CS_2 去除效率，%；

$\quad\quad C_0'$——CS_2 进口平均浓度，mg/m^3；

$\quad\quad C_i'$——CS_2 出口浓度（$i = 1, 2, 3, \cdots$），mg/m^3。

（3）反应速率的计算

反应速率定义为在单位时间内单位质量的催化剂脱除 COS 和 CS_2 的摩尔量，对于固定床反应器来说，利用反应进、出口气体浓度差来计算：

$$r_s = L \times \frac{P}{RT}(C_0'' - C_t'') \times \frac{10^{-9}}{W} \tag{2-3}$$

式中　r_s——反应速率，$mmol/(min \cdot g)$；

$\quad\quad L$——流量，mL/min；

$\quad\quad P$——反应压力，Pa；

$\quad\quad R$——普朗克气体常数，$8.314J/(K \cdot mol)$；

$\quad\quad T$——反应温度，K；

$\quad\quad C_0''$——COS/CS_2 进口浓度，$\times 10^{-6}$；

$\quad\quad C_t''$——COS/CS_2 出口浓度，$\times 10^{-6}$；

$\quad\quad W$——催化剂质量，g。

（4）硫容的计算

硫容定义为单位质量的催化剂脱除硫的质量。

$$M = 32 \times \int_0^t r_{s(COS)} \mathrm{d}t + 64 \times \int_0^t r_{s(CS_2)} \mathrm{d}t \tag{2-4}$$

式中　M——硫容，$mg(S)/g$；

$\quad\quad t$——反应时间，min。

其余同上式。

（5）空速的计算

空速是指单位时间单位体积催化剂处理的气体量，单位为 $m^3/(m^3$ 催化剂 · h），可简化为时间 $1/h$。实验中固定气体总流量，通过改变催化剂的装填量来改变实验空速。

2.5　催化剂表征

催化剂活性的好坏可以从实验结果中得出，但不是导致活性差异的根本原因。实验中通过对不同条件下制备的催化剂或者不同反应时段下失活的催化剂进行表征分析，可从本质上解释催化剂性能的差异，以及催化剂的失活原因。本书采用的催化剂表征手段主要包括 XRD 分析、N_2 吸附等温线分析、孔径分布分析、SEM 表面形貌分析、EDS 能谱分析、XPS 表面物质价态及含量分析以及 TG－DTA 热重分析。其中，用 XRD 方法来分析催化剂制备过程中结晶状态的变化，N_2 吸附等温线和孔径分布分析用于表征催化剂的孔结构特征，SEM 用于表征催化剂的表面形貌，EDS 能谱分析用于表征催化剂的元素组成，XPS 用于表征催化剂表面物质的价态和含量，TG－DTA 用于表征催化剂不同温度下的物种变化。各种表征手段的操作条件如下。

2.5.1　SEM/EDS

SEM 扫描电镜能够观察到催化剂表面晶体的形貌及晶粒的叠加情况，可以通过晶粒形状确定样品的晶系，并判断催化剂结晶度的好坏。本实验采用 QUANTA200 型扫描电镜研究催化剂样品反应前后形貌变化，在不同放大倍率下拍摄 SEM 照片。Be 为探针，样品预先经过真空和镀金处理，此外用 EDS 可大致确认催化剂的化学组成。

2.5.2　XRD

任何固体晶态化合物的晶体结构和化学成分都是不同的，不同焙烧温度下催化剂的结晶状态不同，其粉末的衍射数据也不同。本书采用 D/MAX－2200 型 X 射线衍射仪进行催化剂晶体结构的表征。主要用于不同焙烧温度下催化剂的表征。Cu K_α 射线（$\lambda = 0.15406nm$），电压 36kV，电流 30mA。扫描范围从 $20° \sim 80°$，扫描速度为 5°/m。

2.5.3　BET

催化剂比表面、微孔比表面积、总孔容、平均孔径以及孔径分布等数据是其表面性质的重要参数，催化剂的活性与其有密切的关系。在恒定温度下，测定不同相对压力时的吸附质在固体表面的吸附量后，基于布朗诺尔－埃米特－泰勒（BET）的多层吸附理论公式及 HK、BJH 和 DFT 方程计算固体的比表面积和孔结构参数。微波煤质活性炭的数据采用美国康塔仪器公司生产的 NOVA2000e 型比表面分析仪，测试温度 77K；微波椰壳活性炭数据采用美国 Quantachrome 公司生产的 Autosorb－iQ 比表面分析仪测定。

2.5.4　XPS

XPS 直接反映了催化剂表面原子与分子电子层的结构，具有对催化剂表面元素组成及含量变化的分析能力。通过对单一元素的分峰拟合也可获得不同化合价态或者化合键的种类及含量。本书 XPS 实验采用 Thermo Fisher Scientific 公司生产的 ESCALAB 250 型 X 射线光电子能谱仪测定，分辨率：0.45eV（Ag），

0.82eV（PET）；仪器的灵敏度为 180kcps（200μm，0.5eV），图像分辨率为 3μm。

2.5.5 TG – DTA

催化剂经过高温加热后，会发生化学或物理变化，导致催化剂能量的转变，其重量和体积在不同的温度下也有所变化，而不同的催化剂经加热后有特定的热效应，当催化剂发生相变化时，就会通过特定的热效应表现出来。因此，可用热重分析确定催化剂的热分解反应过程。采用 Shimadzu TGA – 60H 热天平分析仪，空气作载气，在常温下以 10℃/min 的升温速率升温至 1200℃，检测催化剂的质量变化及相应热效应。敏感度与精密度分别为 0.001mg 和 ±1%，差热分析的范围为 ±1 ~ ±1000μV。

3 微波煤质活性炭为载体催化剂的开发

由于活性炭具有良好的电导性和丰富的孔结构，目前在催化领域应用较为广泛。活性炭最大的特点是具有发达和丰富的孔结构、较大的比表面积、丰富的表面官能团。而且它还具有较强的机械强度和化学稳定性，且其耐热、耐酸碱、不溶于水和有机溶剂，再生比较容易。

昆明理工大学冶金与能源工程学院彭金辉教授课题组自行研制生产的微波活性炭具有较大比表面积，与传统加热处理相比，微波加热的优点有：能够对物料进行选择性加热、微波的升温速率较快、反应温度较低、能够缩短反应时间且加热效率高；与此同时微波加热具有"热点效应"，因此，采用微波技术处理活性炭，能够增加活性炭表面官能团的种类和数量，且微波技术的能量转换较普通的焙烧更为迅速和彻底。目前，这种微波活性炭技术已实现工业化的生产，具有一定的经济可行性，其主要的制备工艺参数为：活化温度 850~900℃，微波处理时间不超过 40min，水蒸气活化流量为 5g/min。作为新型催化剂载体，微波活性炭越来越受到人们的青睐。本章以微波煤质活性炭为载体，采用溶胶凝胶法制备出一系列负载型催化剂，用于同时催化水解 COS 和 CS_2。进行了最佳活性组分和最佳制备条件的筛选以及工艺条件的优化，并对催化剂的失活原因进行了分析和阐述。

3.1 Fe/MCAC 催化剂活性评价

3.1.1 催化剂的制备方法

催化剂载体选用昆明理工大学冶金与能源工程学院彭金辉教授课题组自行研制生产的微波煤质活性炭，采用溶胶凝胶法制备出一系列负载型催化剂。首先，将其研磨并且筛分成（380~250μm）40~60 目，分别用自来水和蒸馏水清洗3~5 遍至上清液无悬浮物，清洗干净的活性炭载体放入 100~120℃的鼓风干燥箱内烘干 6~8h；将烘干后的活性炭载体放入 1mol/L 的 KOH 溶液中，并煮沸1.5~2.0h，用蒸馏水将其清洗至 pH 值恒定（pH 约为 7）后放入 100~120℃的鼓风干燥箱内烘干 6~8h；然后配制一定浓度的金属硝酸盐溶液（以金属硝酸盐对应氧化物的质量分数为计算标准），加入适量的 Na_2CO_3 制成胶体溶液（使

Na_2CO_3 溶液与金属硝酸盐溶液恰好完全反应），并将活性炭颗粒浸入胶体溶液中，超声浸渍 0.5~1.0h，然后放入 100~120℃的鼓风干燥箱内烘干 3~4h；烘干后的催化剂放入焙烧炉中在一定温度下焙烧 3h（以空气为载气），最后将焙烧后的催化剂浸渍在一定浓度的碱液中，超声浸渍 0.5~1.0h 后在 120℃烘箱中干燥 3~4h，即得实验所需要的催化剂。催化剂记为 M/MCAC（其中，M 代表金属氧化物，MCAC 代表微波煤质活性炭）。

3.1.2 不同金属氧化物对 COS、CS_2 同时催化水解活性的影响

研究中选择五种金属氧化物负载在微波煤质活性炭上，对应的五种金属硝酸盐分别是：硝酸铁（$Fe(NO_3)_3 \cdot 6H_2O$），硝酸铝（$Al(NO_3)_3 \cdot 6H_2O$），硝酸钴（$Co(NO_3)_2 \cdot 6H_2O$），硝酸镍（$Ni(NO_3)_2 \cdot 6H_2O$）和硝酸锌（$Zn(NO_3)_2 \cdot 6H_2O$），金属氧化物的质量分数为 5%（占活性炭质量的 5%），焙烧温度为 400℃，催化剂制备中的碱金属为 KOH 溶液，KOH 的质量分数为 5%（占活性炭质量的 5%）。从图 3-1 中可以看出，不同金属氧化物对 COS 和 CS_2 同时催化水解性能有不同的影响，对于 COS 的催化水解效果而言，负载以上五种金属氧化物后均能提高 COS 的催化水解效率，其中，以 Fe/MCAC 和 Al/MCAC 两种催化剂的效果较为突出，100% 的 COS 转化率分别维持 180min 和 240min，且在反应过程初期没有检测到 H_2S 气体，随着催化剂活性的持续下降，检出 H_2S 气体。相比来看，虽然 Zn、Ni、Co 均能提高 COS 的催化水解活性，但是提升效果并不明显。但是对于 CS_2 的催化水解效果而言，与空白微波煤质活性炭相比，仅仅 Fe/MCAC 催化剂能够明显提高 CS_2 的催化水解效率，100% 的 CS_2 转化率维持 180min，而其他四种催化剂均比空白活性炭的催化效率要低。

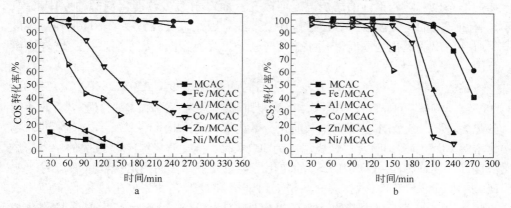

图 3-1 不同金属氧化物对 COS 和 CS_2 同时催化水解活性的影响

a—COS 转化率；b—CS_2 转化率

（COS 浓度：$980mg/m^3$；CS_2 浓度：$60mg/m^3$；空速：6000/h；反应温度：70℃；RH：49%；O_2：0.5%）

作为一种过渡金属，Fe 能够更加有效地促进 COS 和 CS$_2$ 同时催化水解效率。铁离子的最外层电子是一种未充满的结构，所以它可以提供更多的有效核电荷，并且这种结构能够促进其在反应过程中产生更多的配体化合物，这些配合物能够起到配位催化的作用，有利于水解反应的进行。与此同时，这种未充满的结构使 Fe$_2$O$_3$ 更容易与水解产物 H$_2$S 反应形成多种较为复杂的硫化物，在一定温度范围内，Fe$_2$O$_3$ 具有较高的脱硫精度。而其他金属氧化物则只对 COS 的催化水解效率有一定程度的提升，对 CS$_2$ 的催化水解效果并不理想。其中，Zn 和 Al 的金属活性较 Fe 要强，但是它们的氧化物更容易和水解产物 H$_2$S 形成硫酸盐物种，导致催化水解效果下降迅速。而 Co 和 Ni 金属活性较 Fe 要弱，但是其离子外层趋于全满结构，不能提供更多的有效核电荷和配体化合物，导致催化水解效果的下降。

同时，COS 的浓度较 CS$_2$ 浓度要高，更多的 COS 在催化剂表面发生水解反应导致没有足够的催化活性位，CS$_2$ 水解反应速率可能较 COS 水解反应速率低，所以 CS$_2$ 的水解效率很难共同提高，且 CS$_2$ 水解的中间产物包括 COS，这也抑制了 CS$_2$ 的进一步转化，COS 和 CS$_2$ 同时催化水解脱除的反应机理有待进一步研究探讨，由上可知，选用 Fe/MCAC 催化剂作为后续研究。

3.1.3 焙烧温度对 COS、CS$_2$ 同时催化水解活性的影响

焙烧过程是催化剂制备中的重要步骤之一，而焙烧温度对催化剂表面产物的形成、颗粒的分散度、比表面积、孔结构都有较大的影响。对于改性微波煤质活性炭而言，焙烧温度直接影响了金属硝酸盐的分解，而且活性炭表面化合物或者配合物的重新配合和聚集都会受其影响。除此之外，金属氧化物的结晶度和氧化物的形态也会随着不同的焙烧温度而改变。而对于大多数催化剂的前驱体来说，只有在适宜的焙烧温度下，活性位才会形成。因此，实验考察了不同的焙烧温度下所制备出的催化剂同时催化水解 COS 和 CS$_2$ 的效果。以寻求最佳的焙烧温度范围。

实验考察了在空气气氛下，六个不同的焙烧温度（250℃、300℃、350℃、400℃、500℃、600℃）对 COS 和 CS$_2$ 同时催化水解活性的影响（Fe$_2$O$_3$ 的质量分数为 5%，碱金属为 KOH，其质量分数为 5%）。如图 3-2 所示，对于同时催化水解 COS 和 CS$_2$ 而言，焙烧温度为 300℃时，催化水解效率是最优的。当焙烧温度高于 400℃时，COS 和 CS$_2$ 的转化率会明显下降。而当焙烧温度较低时（本研究中低于 300℃），载体表面的金属可能会和吸附态的氧发生氧化反应而生成过氧自由基，过氧自由基的存在可以促使 COS 和 CS$_2$ 的水解产物 H$_2$S 被氧化成硫酸盐或单质 S，导致催化剂快速中毒失活。当焙烧温度高于 400℃时，活性炭会被氧化分解，生成 CO 和 CO$_2$，分解速度随着焙烧温度的升高而加快，活性炭

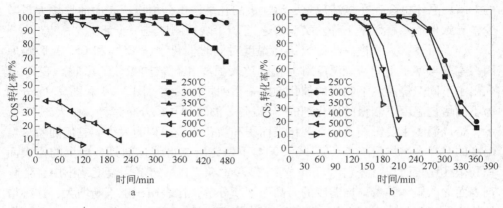

图 3-2　焙烧温度对 COS 和 CS$_2$ 同时催化水解活性的影响

a—COS 转化率；b—CS$_2$ 转化率

（COS 浓度：980mg/m^3；CS$_2$ 浓度：46mg/m^3；空速：6000/h；反应温度：70℃；RH：49%；O$_2$：0.5%）

会烧失，导致催化剂活性的下降。

研究中采用 XRD 表征测试分析了 250℃、300℃、400℃和 600℃下焙烧制得催化剂的结晶情况。如图 3-3 所示，在相对较低的焙烧温度下（400℃以下），氧化物的形态和含量变化不是很明显。这是因为碳材料是非晶性的，其背景峰很强，而金属氧化物的含量远远低于碳的含量。然而，随着焙烧温度升高（图中 400℃和 600℃），氧化物的衍射峰也随之增强。从 XRD 谱图中可以观察到，较强的衍射峰峰值出现在 $2\theta = 30.33°$，$35.74°$，$43.41°$，$53.78°$，$57.39°$ 和 $63.06°$，与标准谱图图库对比，可知这些是 Fe$_2$O$_3$ 的特征峰，其含量随着焙烧温度的升高而增加。说明催化剂经过焙烧后，表面以金属氧化物的形式存在。随着焙烧温度升高，Fe(NO$_3$)$_3$、Fe(OH)$_3$和 Fe$_2$(CO$_3$)$_3$ 能够转化成 Fe$_2$O$_3$，而 Fe$_2$O$_3$ 的形成能够有效地提高催化水解效率。但是在相对较低的焙烧温度下很难形成 Fe$_2$O$_3$，因为在较低的焙烧温度下，催化剂仅仅是消失了一些水分，虽然比表面积可能会有所增大，但是没有足够的活性组分生成。从 XRD 结果中看出，虽然 Fe$_2$O$_3$ 的含量在 600℃焙烧下是最多的，但是焙烧温度较高时，活性炭会烧失，造成比表面积下降，部分

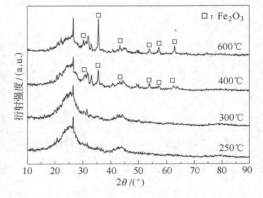

图 3-3　不同焙烧温度下 Fe/MCAC 催化剂 XRD 谱图

的 Fe_2O_3 晶体也会存在烧结现象，活性炭的孔结构也会坍塌，表面活性位大量减少，导致催化水解效率下降。实验将通过 BET 表征测试进一步证实这一点。

如上所述，为了进一步讨论焙烧温度对同时催化水解 COS 和 CS_2 的影响原因，实验考察了不同焙烧温度对催化剂比表面积和孔结构参数的影响。表 3-1 列出了不同焙烧温度下制得的催化剂的一系列物性参数。图 3-4 和图 3-5 分别为不同焙烧温度下制得的催化剂的 N_2 吸附等温线和孔径分布趋势。由表 3-1 所示，焙烧温度主要影响了催化剂比表面积和微孔比表面积的大小。它们随着焙烧温度的升高先增加后减小。其中，300℃ 下焙烧所制得催化剂具有最大的比表面积和微孔比表面积，分别为 $566m^2/g$ 和 $190m^2/g$。在一定焙烧温度范围中，催化剂表面的前躯体随着焙烧温度升高而不断分解，比表面积也不断增大，这种增长趋势会达到某一个最大值，之后，当焙烧温度接近于活性炭熔点时，催化剂会出现烧结现象，这将会直接导致催化剂比表面积的下降。此外，在 300℃ 下焙烧所得的催化剂具有最大的比表面积和微孔比表面积，对应活性评价图，该催化剂具有最佳的催化水解活性，由此可知，比表面积的大小对其活性的提高有一定的作用。

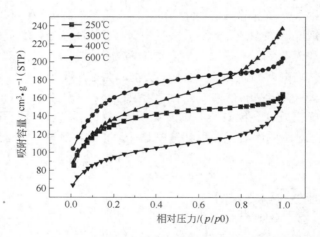

图 3-4   不同焙烧温度制备的 Fe/MCAC 催化剂的 N_2 吸附等温线

表 3-1   不同焙烧温度下制备催化剂的物性参数

焙烧温度/℃	比表面积/$m^2 \cdot g^{-1}$	微孔比表面积/$m^2 \cdot g^{-1}$	总孔容/$cm^3 \cdot g^{-1}$	平均孔径/nm
250	462	177	0.25	2.13
300	566	190	0.31	2.16
400	482	159	0.35	2.92
600	333	121	0.22	2.68

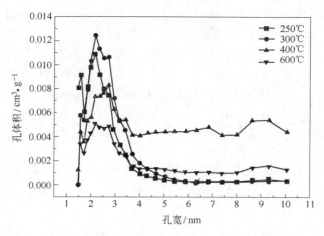

图 3 - 5   不同焙烧温度下制备的 Fe/MCAC 催化剂孔径分布

在此基础上，本研究对不同焙烧温度下制得的催化剂进行了 N_2 吸附和孔径分布的分析。由图 3 - 4 所知，在 600℃ 的焙烧温度下，Fe/MCAC 催化剂的 N_2 吸附等温线的累积吸附量最小；250℃ 下焙烧的催化剂次之，而 300℃ 下焙烧的 Fe/MCAC 催化剂，其 N_2 吸附等温线的累积吸附量最大。从图中明显看出，250℃ 和 300℃ 下焙烧的催化剂，其 N_2 吸附等温线属于按 IUPAC 的 Ⅰ 型等温线，吸附量随着压力的增大而上升，吸附速率也较快；而对于 400℃ 和 600℃ 下焙烧所制得的催化剂而言，其 N_2 吸附等温线属于按 IUPAC 的 Ⅱ 型等温线，这说明 250℃ 和 300℃ 焙烧所得的催化剂中微孔占主导，且微孔分布较为集中，仅仅有少量的介孔和大孔存在，而另外两种催化剂的微孔较少，主要是介孔和大孔的存在和分布。

图 3 - 5 的孔径分布验证了这一点，由图 3 - 5 明显看出，在 1.0 ~ 3.0nm 的孔径范围中，每个催化剂均有三个峰值，分别位于 1.6nm，2.0nm 和 3.0nm，但是在这个范围内，300℃ 下焙烧所得的催化剂的孔分布明显多于其他三种样品，250℃ 焙烧所得催化剂次之，600℃ 焙烧的催化剂在这个范围内的孔分布最少。而 250℃ 和 300℃ 下焙烧所得的催化剂在 4.0 ~ 10.0nm 的孔径分布中相差不大，随着焙烧温度升高至 400℃ 时，此范围内的孔径分布明显增多，当温度继续升高至 600℃ 时，此范围的孔径分布有所下降，但是仍多于 250℃ 和 300℃ 下焙烧所得的催化剂。这也进一步验证了对于四种样品 N_2 吸附等温线特点的判断。由此可知，较大的比表面积和分布在 1.5 ~ 3.0nm 范围内的孔对提高催化剂同时催化水解 COS 和 CS_2 效率起到了一定的作用。

不同焙烧气氛下催化剂形成的活性组分种类和含量有所差异。因此，实验中对比了不同的焙烧气氛对催化剂催化水解活性的影响，如图 3 - 6 所示，分别给

出了 N_2 气氛下和空气气氛下在 300℃焙烧 3h 后所得催化剂的同时催化水解 COS 和 CS_2 的活性。从图中可以观察到，N_2 气氛保护下焙烧后的催化剂脱除 COS 和 CS_2 的活性要优于空气气氛下焙烧的催化剂，100%的 COS 转化率和 100%的 CS_2 转化率分别维持了 120min 和 180min，而空气气氛下焙烧的催化剂 100%的 COS 转化率和 100%的 CS_2 转化率分别维持了 30min 和 150min。

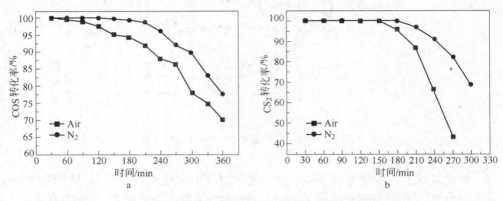

图 3-6   焙烧气氛对 COS 和 CS_2 同时催化水解活性的影响

a—COS 转化率；b—CS_2 转化率

（COS 浓度：980mg/m^3；CS_2 浓度：46mg/m^3；空速：10000/h；反应温度：50℃；RH：49%；O_2：0.5%）

空气气氛下，催化剂表面的过渡金属硝酸盐与空气中的氧气会发生表面氧化反应，生成多种形态的金属氧化物及其混合物，而在 N_2 气氛下焙烧的催化剂表面过渡金属硝酸盐会发生相对单纯的分解反应，生成对应的金属氧化物，所以其活性会比在空气气氛焙烧下所得的催化剂好。但是从图中可以看出，即使是在空气条件下焙烧，催化剂脱除 COS 的转化率在 270min 时依然维持在 80%以上，而 CS_2 的转化率也仅仅是略低于 N_2 气氛下所得催化剂的 CS_2 脱除效率。

在实际应用中，催化剂的制备大多也是在空气气氛下进行焙烧，空气气氛中的氧气也是必须考虑的因素，并且为了在今后的工业应用中使催化剂制备过程更加经济便宜，后续实验依然是选择在空气中焙烧催化剂。

3.1.4   不同 Fe_2O_3 含量对 COS、CS_2 同时催化水解活性的影响

根据上述分析可知，Fe_2O_3 的含量对 COS 和 CS_2 的同时催化水解是十分重要的，为了分析其影响，实验中考察了五个不同质量分数（Fe_2O_3 的负载量分别为 1.5%、3.0%、5.0%、7.5% 和 10.0%）的 Fe_2O_3 所制备的催化剂对 COS 和 CS_2 同时催化水解的效果（制备过程中，焙烧温度是 300℃，焙烧 3h，碱金属为 KOH，其质量分数为 5%）。如图 3-7a 所示，随着 Fe_2O_3 质量分数的增加，COS

的脱除效率呈先增加后减小的趋势，当 Fe_2O_3 含量为 5% 时，COS 的脱除效率最佳。当其负载量上升到 7.5% 以上时，COS 的水解活性明显下降。课题组前期实验研究了当 CS_2 单独催化水解脱除时，氧化铁的含量对其的影响，其变化趋势与 COS 的脱除效率趋势相似。然而，当 COS 和 CS_2 同时催化水解脱除时，Fe_2O_3 的负载量对 CS_2 的影响是不规律的。如图 3-7b 所示，CS_2 脱除效率最差的是负载量为 7.5% Fe_2O_3 制得的催化剂，而不是负载 10.0% Fe_2O_3 的催化剂，但是活性最佳的催化剂仍然是负载 5% 的 Fe_2O_3 样品。

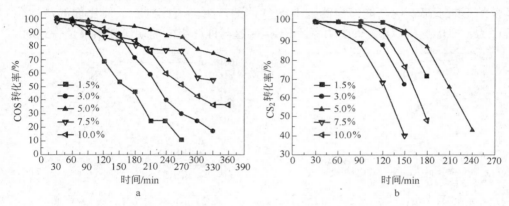

图 3-7　Fe_2O_3 含量对 COS 和 CS_2 同时催化水解活性的影响

a—COS 转化率；b—CS_2 转化率

（COS 浓度：980mg/m³；CS_2 浓度：46mg/m³；空速：10000/h；反应温度：50℃；RH：49%；O_2：0.5%）

当 Fe_2O_3 的负载量在 1.5% ~ 3.0% 时，其对 COS 脱除效率的改善占主导作用。COS 能够和少量的 Fe_2O_3 发生反应，但是没有足够的活性组分参与 CS_2 的水解反应。而这种情况在 Fe_2O_3 的负载量为 5% 时发生了变化，CS_2 的脱除效率也有了明显的提高，这时候的 Fe_2O_3 能够均匀地分布在催化剂表面，而不至于阻塞催化剂的微孔孔道。但是如果 Fe_2O_3 的负载量超过 5% 时，过多的 Fe_2O_3 会占据更多的活性炭表面活性位，催化水解效率随之下降。同时，当 Fe_2O_3 负载量过高时，活性炭的吸附位和孔道被过多的金属氧化物堵塞，催化剂表面活性中心的利用率降低，比表面积也随之下降，从而抑制催化水解反应的进行。

3.1.5　不同碱种类和碱含量对 COS、CS_2 同时催化水解活性的影响

课题组前期对单独催化水解 COS 和 CS_2 进行了相关研究，认为催化剂的碱性基团对催化水解有着积极的作用。为了进一步证明催化剂表面碱性强弱对同时催化水解 COS 和 CS_2 的影响，实验中分别考察了质量分数为 5% 的 KOH、K_2CO_3、Na_2CO_3 和 $NaHCO_3$ 对 COS 和 CS_2 同时催化水解效率的影响（催化剂制

备中，焙烧温度为300℃，焙烧3h，Fe_2O_3的负载量为5%）。

如图3-8所示，浸渍Na_2CO_3和$NaHCO_3$制得的催化剂有较低的COS脱除率，而维持100%的CS_2转化率的时间均为120min，120min后CS_2的脱除效率也随之下降。但是，浸渍KOH和K_2CO_3制得的催化剂具有较好的同时催化水解效率。两种催化剂100%的CS_2转化率均维持在150min左右，KOH浸渍制得的催化剂90%以上的COS转化率维持210min，K_2CO_3制得的催化剂90%以上的COS转化率维持90min左右。另外，实验初期没有检测到H_2S的产生，随着催化剂活性的不断下降，逐渐能够检测到H_2S气体的产生。由此判断，催化剂的活性顺序为：KOH > K_2CO_3 > Na_2CO_3 > $NaHCO_3$，这与课题组的前期研究结果是一致的。

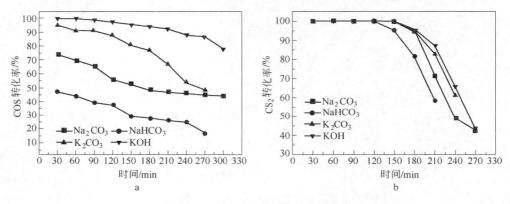

图3-8　碱种类对COS和CS_2同时催化水解活性的影响

a—COS转化率；b—CS_2转化率

（COS浓度：980mg/m³；CS_2浓度：46mg/m³；空速：10000/h；反应温度：50℃；RH：49%；O_2：0.5%）

这表明在活性炭的表面"—OH"物种是COS和CS_2同时催化水解反应的重要活性基团。于丽丽通过对催化剂的Boehm滴定测试验证了这一点，她认为KOH浸渍后的活性炭具有最多的碱性基团，而未浸渍KOH溶液的活性炭和失活后的活性炭，碱性基团的数量减少，同时，催化剂表面较低的pH抑制了H_2S的电离和HS^-的生成，使硫酸盐物种和单质硫更加容易生成，抑制催化水解反应的进行。

在此基础上，为了确定最佳KOH的含量，实验考察了KOH负载量的影响（质量分数分别为2%、5%、8%、10%、13%和18%）。由图3-9可知，随着KOH含量的增加，COS和CS_2的脱除效率先增加后降低，当KOH的负载量为13%时，催化剂显示出最佳的同时催化水解活性，这说明KOH的含量对同时催化水解COS和CS_2的影响是值得关注的。当碱性基团较少时，其促进作用是有限的，相反，碱性基团不能过多，因为过多的碱性基团会占据催化剂表面更多的活性位和活性中心，阻塞催化剂的孔道，而 COS 和 CS$_2$ 的水解产物 H$_2$S 同样会被吸附在催化剂表面，这些过程均是不可逆的，所以过多的碱性基团会抑制催化剂的催化水解活性。

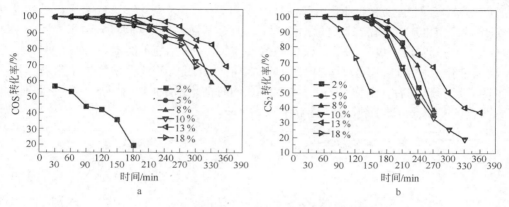

图 3-9   KOH 含量对 COS 和 CS$_2$ 同时催化水解活性的影响

a—COS 转化率；b—CS$_2$ 转化率

（COS 浓度：980mg/m^3；CS$_2$ 浓度：46mg/m^3；空速：10000/h；反应温度：50℃；RH：49%；O$_2$：0.5%）

3.2   Fe-Cu/MCAC 催化剂活性评价

3.2.1   催化剂的制备方法

催化剂载体和制备方法与本章 3.1.1 小节中所述一致，一定浓度的金属硝酸盐溶液和适量的 Na$_2$CO$_3$ 混合制成胶体溶液（Fe$_2$O$_3$ 的负载量为 5%，n(Fe)：n(A) 为 5∶1，A 为第二金属组分，使 Na$_2$CO$_3$ 溶液与金属硝酸盐溶液恰好完全反应），催化剂的焙烧条件为 300℃下焙烧 3h（以空气为载气），最后将焙烧后的催化剂浸渍质量分数为 13% 的 KOH，超声浸渍后烘干，即得实验所需要的催化剂。催化剂记为 Fe-A/MCAC（其中，A 代表第二组分，MCAC 代表微波煤质活性炭）。

3.2.2   第二金属组分的添加对 COS、CS$_2$ 同时催化水解活性的影响

在 3.1 节研究的基础上，实验中引入了第二种金属氧化物以提高 Fe/MCAC 催化剂同时催化水解 COS 和 CS$_2$ 的效率，为了研究不同第二种金属氧化物的添加对同时催化水解效率的影响，实验选择添加的第二种金属硝酸盐有 Cu(NO$_3$)$_2$·3H$_2$O、Co(NO$_3$)$_2$·6H$_2$O、Zn(NO$_3$)$_2$·6H$_2$O 和 Ni(NO$_3$)$_2$·6H$_2$O，其中，第一组分 Fe$_2$O$_3$ 的质量分数为 5%，Fe 与第二组分的摩尔比固定为 5∶1。

　　实验结果如图 3 - 10 所示。从图中可以看出，不同的二元添加剂对同时催化水解效率的影响也是不同的，其中，Cu、Ni 和 Co 的添加能够提高催化剂同时催化水解活性。对于催化水解 COS 而言，Fe - Co/MCAC、Fe - Cu/MCAC 和 Fe - Ni/MCAC 三种催化剂的催化水解活性顺序为 Fe - Cu > Fe - Co > Fe - Ni；虽然这三种催化剂同样能提高 CS_2 的水解活性，但是其活性顺序则有所不同，为 Fe - Cu > Fe - Ni > Fe - Co。然而，仅仅 Fe - Zn/MCAC 催化剂不能提高 COS 和 CS_2 的同时催化水解活性，其活性均比 Fe/MCAC 活性要低。从活性评价结果来看，添加第二组分 Cu 后，催化剂 Fe - Cu/MCAC 同时催化水解 COS 和 CS_2 的活性最佳，100% 的 COS 和 CS_2 转化率均能够维持 210min。

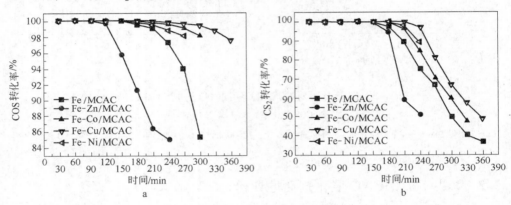

图 3 - 10　二元组分的负载对 COS 和 CS_2 同时催化水解活性的影响

a—COS 转化率；b—CS_2 转化率

（COS 浓度：980mg/m^3；CS_2 浓度：60mg/m^3；空速：10000/h；反应温度：50℃；RH：49%；O_2：0.5%）

　　Zn、Co 和 Ni 金属活性较 Cu 要强，它们的氧化物更容易和水解产物 H_2S 发生反应形成硫酸盐物种，导致催化水解的活性迅速下降。而 Zn 的金属活性最强，甚至高于 Fe 的活性，所以添加 Zn 后，催化剂的失活速度要比单纯负载铁的催化剂失活速度快。另外，有文献报道称，Na 元素（催化剂的制备过程中引入了 Na_2CO_3 溶液）能够提高 Cu 的分散度，并且能够抑制孔道的堵塞，以此来提高催化剂的催化水解活性。因此，在引入 Na_2CO_3 的情况下，Cu 的添加要比其他金属氧化物的效果好。

　　为了进一步分析其原因，实验对不同样品的比表面积和孔结构作了测试分析，如表 3 - 2 所示，与 Fe/MCAC 催化剂相比，添加第二组分后，其比表面积和孔体积均有不同程度的下降，但是下降趋势并不明显。添加第二活性组分后，Fe - Cu/MCAC 催化剂的比表面积、微孔比表面积和总孔容是四种催化剂中最高的，分别为 384m^2/g、124m^2/g 和 0.212cm^3/g，较高的比表面积和孔体积在一定程度上有利于催化水解活性的提高。与此同时，不难看出 Fe-Zn/MCAC 催化剂的比表面积和总孔容是最低的，故其同时催化水解的活性也相应最低。

表 3-2　第二组分的添加对 Fe/MCAC 催化剂的物性参数影响

样品名称	比表面积/$m^2 \cdot g^{-1}$	微孔比表面积/$m^2 \cdot g^{-1}$	总孔容/$cm^3 \cdot g^{-1}$	平均孔径/nm
Fe/MCAC	390	129	0.216	2.21
Fe-Cu/MCAC	384	124	0.212	2.21
Fe-Co/MCAC	374	119	0.205	2.19
Fe-Zn/MCAC	373	109	0.204	2.19
Fe-Ni/MCAC	375	121	0.205	2.18

3.2.3　不同 Fe∶Cu 摩尔比对 COS、CS_2 同时催化水解活性的影响

以上研究结果表明，CuO 的添加能够有效提高微波煤质活性炭同时催化水解 COS 和 CS_2 的活性，在此基础上，实验研究了不同 Fe∶Cu（摩尔比）对 COS 和 CS_2 同时催化水解活性的影响（Fe_2O_3 的含量固定为 5%，实验考察了 Fe∶Cu 摩尔比为 2∶1、3∶1、5∶1、10∶1、15∶1 和 20∶1 六种催化剂的活性）。

从图 3-11 中可以看出，COS 和 CS_2 同时催化水解的活性起初是随着 CuO 负载量的增加而升高的，然后随着 Cu 含量的继续增加，同时催化水解活性随之下降，其中当 Fe∶Cu（摩尔比）为 5∶1 时，催化剂具有最佳的同时催化水解活性，100% 的 COS 转化率和 100% 的 CS_2 转化率分别维持 210min 和 240min，且反应前 240min 内没有检测到 H_2S 气体，随着反应的继续进行，出口有 H_2S 气体检出。另外，当 Fe∶Cu 摩尔比为 20∶1 时，COS 的催化水解活性要低于 Fe/MCAC 催化剂。过多的 CuO 负载会使催化剂表面的金属氧化物产生团聚现象，以至于其不能与 COS 和 CS_2 充分的反应，导致催化剂活性降低，过少的 CuO 负载则不能提供更多的活性物质，使催化剂的活性提升不明显。

为了进一步分析 Fe∶Cu（摩尔比）对催化剂同时催化水解 COS 和 CS_2 活性的影响，实验中对其比表面积和孔结构进行了全面的分析。如表 3-3 所示，当 Fe∶Cu（摩尔比）为 5∶1 时，催化剂比表面积和总孔体积与其他三种催化剂相比是最大的，并且，催化剂的比表面积随着 Fe∶Cu（摩尔比）的升高呈先增加后减小的趋势。图 3-12 给出了不同 Fe∶Cu（摩尔比）制备的催化剂的 N_2 吸附等温线，从图中可以看出所有催化剂的 N_2 吸附等温线属于按 IUPAC 的 I 型等温线，说明这些催化剂中微孔占主导，且微孔分布较为集中。与此同时，在 Fe∶Cu（摩尔比）为 5∶1 下所制备出的催化剂其吸附等温线的累积吸附量最大，并且随着 Cu 含量的增加，催化剂 N_2 吸附等温线的累积吸附量先增加后减少。

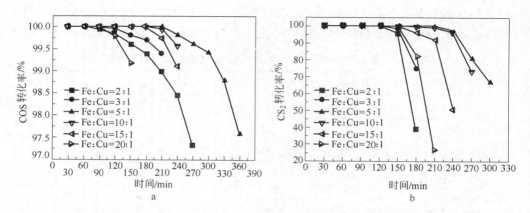

图 3 - 11　不同 Fe : Cu（摩尔比）对 COS 和 CS$_2$ 同时催化水解活性的影响

a—COS 转化率；b—CS$_2$ 转化率

（COS 浓度：980mg/m^3；CS$_2$ 浓度：60mg/m^3；空速：10000/h；反应温度：50℃；RH：49%；O$_2$：0.5%）

表 3 - 3　不同 Fe : Cu（摩尔比）对 Fe - Cu/MCAC 催化剂的物性参数影响

Fe : Cu（摩尔比）	比表面积/m^2 · g^{-1}	微孔比表面积/m^2 · g^{-1}	总孔容/cm^3 · g^{-1}	平均孔径/nm
2 : 1	341	106	0.185	2.17
5 : 1	384	124	0.212	2.21
10 : 1	381	126	0.201	2.11
20 : 1	378	128	0.210	2.22

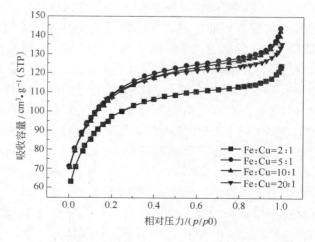

图 3 - 12　不同 Fe : Cu（摩尔比）制备的催化剂的 N$_2$ 吸附等温线

图 3 – 13 的孔径分布图验证了这一点，四种催化剂的孔分布均小于 8.0nm，大部分小于 4.0nm，这也进一步验证了对于四种样品 N_2 吸附等温线特点的判断。在 1.0 ~ 3.0nm 的孔径范围中，每个催化剂均有三个峰值，分别位于 1.6nm，2.0nm 和 3.0nm，虽然四种催化剂的孔径分布差别不大，但是在 2.0 ~ 2.5nm 范围内，Fe : Cu（摩尔比）为 10 : 1 的催化剂孔分布较多，在 2.5 ~ 4.0nm 范围内，Fe : Cu 为 5 : 1 的催化剂孔分布较多，另外两种催化剂的孔径分布大致相同。由此可知，Fe : Cu（摩尔比）为 5 : 1 所制得的催化剂在 2.0 ~ 4.0nm 范围内的孔分布较其他催化剂有一定的优势。较大比表面积和较多孔分布对提高催化剂同时催化水解 COS 和 CS_2 效率起到了一定作用。

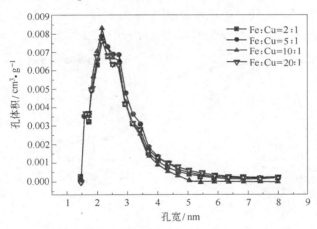

图 3 – 13　不同 Fe : Cu（摩尔比）制备的催化剂孔径分布

3.3　Fe – Cu – Ni/MCAC 催化剂活性评价

3.3.1　催化剂的制备方法

催化剂载体和制备方法与本章 3.1.1 小节中所述一致，其中，一定浓度的金属硝酸盐和适量的 Na_2CO_3 混合制成胶体溶液（Fe_2O_3 的质量分数为 5%，$n(Fe)$: $n(Cu)$: $n(B)$ 为 10 : 2 : 0.5，B 为第三组分，使 Na_2CO_3 溶液与金属硝酸盐溶液恰好完全反应），催化剂的焙烧条件为 300℃下焙烧 3h（以空气为载气），最后将焙烧后的催化剂浸渍质量分数为 13% 的 KOH，超声浸渍后烘干，即得实验所需要的催化剂。催化剂记为 Fe – Cu – B/MCAC（其中，B 代表第三组分，MCAC 代表微波煤质活性炭）。

3.3.2　第三金属组分的添加对 COS、CS_2 同时催化水解活性的影响

为了进一步提高催化剂同时催化水解 COS 和 CS_2 的活性，本节在上述研究

的基础上，尝试添加第三组分金属氧化物，以试图进一步提高催化剂的催化水解活性。实验对 Fe－Cu/MCAC 催化剂添加了四种金属助剂，对应的硝酸盐分别是 $Co(NO_3)_2 \cdot 6H_2O$、$Zn(NO_3)_2 \cdot 6H_2O$、$Ni(NO_3)_2 \cdot 6H_2O$ 和 $Al(NO_3)_3 \cdot 9H_2O$。如图 3－14 所示，添加 Ni 和 Co 后，催化剂的同时催化水解活性有了明显的提高，特别是 Ni 的添加对其提高幅度较为明显。在催化剂 Fe－Cu－Ni/MCAC 上，100% 的 COS 转化率和 100% 的 CS_2 转化率分别维持了 330min 和 360min，反应初始的 360min 内在出口并没有检测到 H_2S 气体的产生，但是随着反应的进一步进行，在出口能够检测到 H_2S 气体。与此同时，添加 Al 和 Zn 后，Fe－Cu－Al/MCAC 和 Fe－Cu－Zn/MCAC 催化剂只能提高 COS 的催化水解效率，而 CS_2 的催化水解效率较 Fe－Cu/MCAC 催化剂相比有所下降。由于 Al 是一种两性金属，而 COS 和 CS_2 的水解反应是一个碱催化反应，碱性金属更有利于其反应的进行。

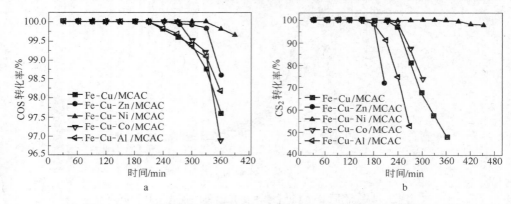

图 3－14　三元组分的负载对 COS 和 CS_2 同时催化水解活性的影响

a—COS 转化率；b—CS_2 转化率

（COS 浓度：980mg/m³；CS_2 浓度：60mg/m³；空速：10000/h；反应温度：50℃；RH：49%；O_2：0.5%）

为了观察不同催化剂表面氧化物结晶状态的特点，实验采用 XRD 表征测试来进行分析。如图 3－15 所示，由于焙烧温度不高，氧化物的形态和含量变化不是很明显。然而，从图中观察到有些相对较强的衍射峰峰值出现在 $2\theta = 30.39°$，$31.49°$ 和 $44.29°$，与标准谱图库对比，可知这些是 $K_3Na(SO_4)_2$ 的特征峰，这些复合型的硫酸盐附着在催化剂的表面，而且其含量在 Fe－Cu－Zn/MCAC 和 Fe－Cu－Ni/MCAC 两种催化剂上的含量较低。而其峰在 Fe－Cu－Al/MCAC 催化剂上是最强的。这是因为 Al 作为两性金属，在催化剂的制备过程中很容易与催化剂表面自身的 S 或者 S 的氧化物发生反应，生成复合型的硫酸盐物种，这些硫酸盐物种的生成不利于催化剂的催化水解活性的提高，它们有可能会阻塞催化剂的部分孔道，影响活性物种的分布，使活性位分布不均匀，甚至抑制部分碱性基团

的作用。由此可见，不同的三元组分添加剂对催化剂制备过程中表面的硫酸盐物
种的形成具有重要的影响，而这种影响会直接关系到催化剂催化水解活性的提
高。为了进一步证实这种推测，实验选择用 BET 的检测手段对其比表面积和孔
结构的特点进行分析。

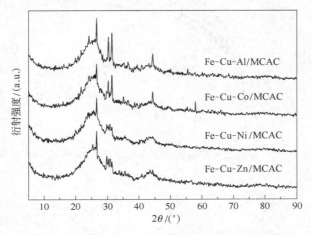

图 3－15   不同三元组分负载制得的催化剂 XRD 谱图

实验对添加不同三元组分制备的催化剂进行了比表面积和孔结构的分析，如
表 3－4 所示，催化剂 Fe－Cu－Ni/MCAC 具有最大比表面积和总孔容，分别为
$401m^2/g$ 和 $0.220cm^2/g$。且只有当添加 Ni 后，催化剂的比表面积和孔体积才有
所增加，说明 Ni 的添加有扩孔作用，课题组前期对 CS_2 单独脱除的研究中，也
得到了相似的结论。另外，添加 Zn 和 Co 后，催化剂比表面积、微孔比表面积
和总孔容都有所下降，而添加 Al 后，催化剂的微孔比表面积有所上升，但增加
幅度并不明显。

图 3－16 和图 3－17 分别给出了四种催化剂的 N_2 吸附等温线和孔径分布情
况，从图中可以看出所有催化剂的 N_2 吸附等温线属于按 IUPAC 的 Ⅰ 型等温线，
说明这些催化剂中微孔占主导，仅仅有少量的介孔和大孔存在。与此同时，Fe－
Cu－Ni/MCAC 催化剂的 N_2 吸附等温线累积吸附量最大，而添加 Zn 后的催化剂
N_2 吸附等温线的累积吸附量最小。由图 3－17 看出，四种催化剂的孔分布均小
于 8.0nm，大部分小于 4.0nm。在 1.0~3.0nm 的孔径范围中，添加 Ni 后的催化
剂其孔分布明显较另外三种催化剂要多。与此同时，当 Fe－Cu/MCAC 催化剂添
加 Ni、Co 和 Al 后，在 2.5~7.5nm 范围内，它们的孔分布较添加 Zn 所制备的催
化剂要多。对应图 3－14，不难发现虽然 Fe－Cu－Zn/MCAC 催化剂对 COS 催化
水解活性有一定的提高，但是对 CS_2 的催化水解活性则是最差的，这说明 2.5~

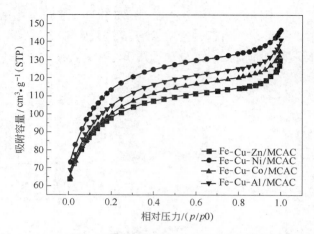

图 3 – 16　不同三元组分负载制得的催化剂的 N₂ 吸附等温线

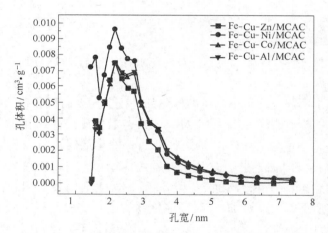

图 3 – 17　不同三元组分负载制得的催化剂的孔径分布

7.5nm 范围内更多的孔分布和较大的比表面积对 CS_2 的水解是有利的。

表 3 –4　不同三元组分添加剂对 Fe – Cu/MCAC 催化剂的物性参数影响

样品名称	比表面积/$m^2 \cdot g^{-1}$	微孔比表面积/$m^2 \cdot g^{-1}$	总孔容/$cm^3 \cdot g^{-1}$	平均孔径/nm
Fe – Cu/MCAC	384	124	0.212	2.21
Fe – Cu – Zn/MCAC	346	115	0.191	2.20
Fe – Cu – Ni/MCAC	401	122	0.220	2.19
Fe – Cu – Co/MCAC	355	118	0.200	2.25
Fe – Cu – Al/MCAC	371	127	0.208	2.24

3.3.3 不同 Fe∶Cu∶Ni 摩尔比对 COS、CS$_2$ 同时催化水解活性的影响

通过前一节的分析，可以看出在催化剂 Fe－Cu/MCAC 中添加适量的 Ni 可以有效地提高催化剂对 COS 和 CS$_2$ 同时催化水解的活性，本节系统考察了不同 Ni 的添加量（以 Fe∶Cu∶Ni 摩尔比来表示）对 COS 和 CS$_2$ 同时催化水解活性的影响（催化剂制备过程中，Fe$_2$O$_3$ 的质量分数为 5%，Fe∶Cu 摩尔比为 5∶1，焙烧条件为 300℃下焙烧 3h，KOH 的质量分数为 13%）。

如图 3－18 所示，与 Fe－Cu/MCAC 催化剂相比，当 Fe∶Cu∶Ni 摩尔比为 10∶2∶0.2 时，CS$_2$ 的脱除效率有所增加，而 COS 的脱除效率有轻微的下降趋势，这可能是因为 Ni 的添加量过少，过少的 Ni 不能有效地改善催化剂的催化水解活性。COS 的脱除效率随着 Ni 含量的不断增加（Fe∶Cu∶Ni 摩尔比从 10∶2∶0.5 到 10∶2∶3）呈先增加后降低的趋势，并且当 Fe∶Cu∶Ni 摩尔比为 10∶2∶0.5 时，COS 的脱除效率最高。同时，过高的 Ni 含量会使 COS 的活性急剧下降（Fe∶Cu∶Ni 摩尔比从 10∶2∶2 到 10∶2∶3），甚至低于 Fe－Cu/MCAC 催化剂的水解活性。对于 CS$_2$ 脱除效率而言，其变化趋势也是较为规律的，不同 Fe∶Cu∶Ni 摩尔比制备的催化剂脱除 CS$_2$ 的活性顺序为：10∶2∶0.5 > 10∶2∶1 > 10∶2∶2 > 10∶2∶0.2 > 10∶2∶3，其脱除效率随着 Ni 含量的不断增加（Fe∶Cu∶Ni 摩尔比从 10∶2∶0.2 到 10∶2∶3）呈先增加后降低的趋势，并且当 Fe∶Cu∶Ni 摩尔比为 10∶2∶0.5 时，CS$_2$ 的脱除效率也是最高的。实验通过 XRD 和 BET 测试对其中的原因进行了系统的分析和讨论。

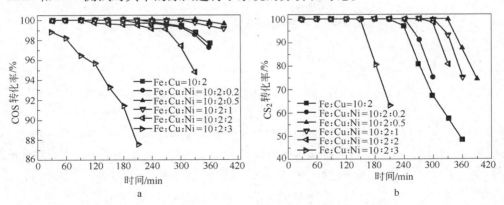

图 3－18 不同 Fe∶Cu∶Ni（摩尔比）对 COS 和 CS$_2$ 同时催化水解活性的影响

a—COS 转化率；b—CS$_2$ 转化率

（COS 浓度：980mg/m^3；CS$_2$ 浓度：60mg/m^3；空速：10000/h；反应温度：50℃；RH：49%；O$_2$：0.5%）

实验中对 Fe∶Cu∶Ni 摩尔比为 10∶2∶0.2、10∶2∶0.5、10∶2∶1 和 10∶2∶3 所制备的催化剂进行了 XRD 表征分析。如图 3－19 所示，由于碳材料的背

景峰十分强烈，而金属氧化物的含量又远低于碳的含量，所以氧化物的形态和含量变化并不明显。然而，从图中还是能观察到相对较为明显的衍射峰峰值出现在 $2\theta = 30.39°$，$31.49°$和$44.29°$，与标准谱图图库对比，可知这些是附着在催化剂的表面的 $K_3Na(SO_4)_2$ 特征峰，而且当 Fe：Cu：Ni 摩尔比为 10：2：0.2 和 10：2：0.5 时，该特征峰明显较另外两种催化剂要弱，当 Fe：Cu：Ni 摩尔比为 10：2：3 时，$K_3Na(SO_4)_2$ 的衍射峰最为强烈。这是因为微波煤质活性炭上本身存在一定的硫或者硫的氧化物，过多的金属氧化物就会引入过多的 K 和 Na，这些 K 或者 Na（催化剂制备过程中使用了 Na_2CO_3 和 KOH）与这些硫的氧化物发生反应，从而生成更多的类似 $K_3Na(SO_4)_2$ 的复合型硫酸盐，这些复合型硫酸盐会阻塞活性炭的孔道，使催化剂的比表面积下降，微孔数量减少，也会影响催化剂表面活性组分的分布，使 COS 和 CS_2 与催化剂表面的活性中心无法充分有效地反应，导致催化剂活性的下降。

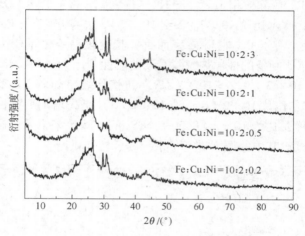

图 3 - 19   不同 Fe：Cu：Ni（摩尔比）制得的催化剂 XRD 谱图

实验对不同 Fe：Cu：Ni 摩尔比所制备的催化剂进行了比表面积和孔结构的分析，如表 3 - 5 所示，四种催化剂的比表面积和总的孔容随着 Fe：Cu：Ni 摩尔比的升高（Fe：Cu：Ni 摩尔比从 10：2：0.5 到 10：2：3）而减小，不同 Fe：Cu：Ni 摩尔比所制备出的催化剂的比表面积和总的孔容的变化顺序为 10：2：0.5 > 10：2：1 > 10：2：3。但是 Fe：Cu：Ni 摩尔比为 10：2：0.2 制得的催化剂的比表面积和孔体积要比 Fe：Cu：Ni 摩尔比为 10：2：0.5 制得的催化剂的小。其中，Fe：Cu：Ni 摩尔比为 10：2：0.5 所制得的催化剂具有最大的比表面积和总孔体积。如图 3 - 20 所示，所有催化剂的 N_2 吸附等温线属于按 IUPAC 的 Ⅰ 型等温线，说明这些催化剂中仍然是微孔占主导。与此同时，Fe：Cu：Ni 摩尔比为 10：2：0.5 所制得的催化剂 N_2 吸附等温线的累积吸附量最大，Fe：Cu：Ni 摩尔比为 10：2：0.2 所制得的催化剂次之，并且催化剂的 N_2 吸附等温线的累积吸附量随着 Fe：Cu：Ni 摩尔比的升高（Fe：Cu：Ni 摩尔比从 10：2：0.5 到 10：2：3）而减小。

表 3－5　不同 Fe：Cu：Ni（摩尔比）对 Fe－Cu－Ni/MCAC 催化剂的物性参数影响

Fe：Cu：Ni（摩尔比）	比表面积/$m^2 \cdot g^{-1}$	微孔比表面积/$m^2 \cdot g^{-1}$	总孔容/$cm^3 \cdot g^{-1}$	平均孔径/nm
10：2：0.2	392	124	0.216	2.20
10：2：0.5	401	122	0.220	2.19
10：2：1	361	121	0.198	2.20
10：2：3	314	88	0.177	2.26

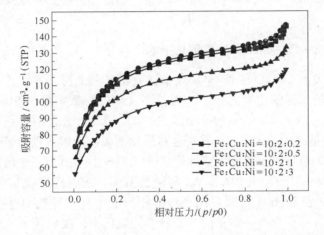

图 3－20　不同 Fe：Cu：Ni（摩尔比）制得的催化剂的 N_2 吸附等温线

从图 3－21 可以看出四种催化剂的孔分布同样均小于 8.0nm，且大部分小于 4.0nm。在 1.0~3.0nm 的孔径范围中，Fe：Cu：Ni 摩尔比为 10：2：0.5 所制得的催化剂与其他三种比例所制得的催化剂相比，具有较多的孔分布。与此同时，在此范围内的孔分布随着 Fe：Cu：Ni 摩尔比的升高（Fe：Cu：Ni 摩尔比从 10：2：0.5 到 10：2：3）而减少。而 Fe：Cu：Ni 摩尔比为 10：2：0.2 所制得的催化剂在这个范围内的孔分布同样比 10：2：0.5 的催化剂要少。其中的原因可能是过少的 Ni 添加并不能起到充分的扩孔作用，或者说其扩孔作用是有限的，而当 Ni 的负载量过多时，活性炭的孔道被多余的金属氧化物所堵塞，导致孔分布较少，比表面积下降，这时 Ni 的添加不再具有扩孔作用，故对于 COS 和 CS_2 同时催化水解效率的提升作用明显降低。

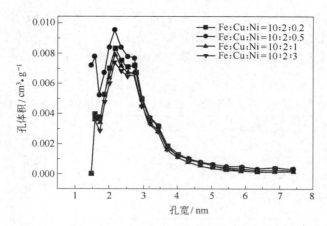

图 3-21   不同 Fe∶Cu∶Ni（摩尔比）制得的催化剂的孔径分布

3.3.4   失活 Fe-Cu-Ni/MCAC 催化剂的产物分析

为了弄清失活 Fe-Cu-Ni/MCAC 催化剂的产物，分析催化剂的失活原因。实验中对失活前后的催化剂进行了 XPS 检测（新鲜样品的制备条件为：Fe_2O_3 的质量分数为 5%；Fe∶Cu∶Ni 摩尔比为 10∶2∶0.5，焙烧条件是 300℃下焙烧 3h；KOH 的质量分数为 13%），特别是对催化剂表面元素 S 进行了分析。

从图 3-22 中可以看出，失活催化剂 S2p XPS 谱图出现三个谱峰，分别是 S 单质（161.4eV），RSO_3^-（167.8eV，可能是 HSO_3^- 或者砜型硫），硫酸盐/SO_4^{2-}（169.8eV）。从表 3-6 中可以看出，新鲜样品上也有三种硫的存在，这是因为微波煤质活性炭本身含有一定量的 S 或者 S 的氧化物，在催化剂的制备过程中形成了以上三种硫的形态，但是失活后的催化剂表面三种硫的含量均有所增加，这说明 Fe-Cu-Ni/MCAC 催化剂同时催化水解 COS 和 CS_2 的反应产物 H_2S 与反应体系中少量的 O_2 发生反应生成单质 S 和硫酸盐的混合物，而 RSO_3^-（167.8eV，可能是 HSO_3^- 或者砜型硫）可能仅仅是一种 H_2S 氧化的中间产物。

表 3-6   新鲜和失活后 Fe-Cu-Ni/MCAC 样品不同 S 物种的含量

样　品	S2p/%（原子分数）		
	164.1/eV	167.8/eV	169.8/eV
新鲜催化剂	1.58	0.45	1.09
失活催化剂	1.82	0.68	1.94

因此，可推断水解产物 H_2S 通过与金属氧化物和吸附态氧反应转化生单质 S 或者硫酸盐（SO_4^{2-}），并在催化剂表面积累。当这些产物积累在催化剂表面达到

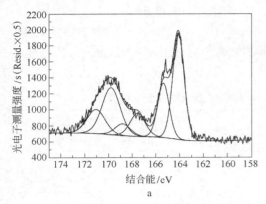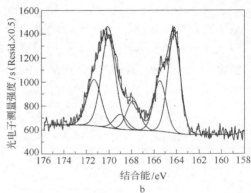

图 3－22　新鲜和失活 Fe－Cu－Ni/MCAC 样品的 S2p XPS 谱图

a—新鲜样；b—失活样

一定程度后，催化剂的水解活性就会明显下降。

从 SEM 扫描电镜结果中能够从另一个角度来证实这一点。新鲜和失活的 Fe－Cu－Ni/MCAC 催化剂的 SEM 扫描电镜结果如图 3－23 所示。从图 3－23a 中可以看出，新鲜催化剂的表面有明显的活性炭结构可以观察到。与此同时，失活后的催化剂表面有明显的片状结构，并且，不能明显观察到活性炭的结构，大部分活性炭结构被覆盖。为了说明失活催化剂和新鲜样品表面成分的大致变化，实验中使用 EDS 对二者进行元素分析。

如表 3－7 所示，在失活的催化剂上，S 元素的质量百分比（wt%）和元素百分比（at%）明显增多了。其中，催化剂上 S 含量的增加是由于失活催化剂表

图 3－23　失活前后 Fe－Cu－Ni/MCAC 样品的 SEM 图

a—新鲜样；b—失活样

面生成 S 或者硫酸盐。从以上结果分析，不难看出，催化剂 Fe – Cu – Ni/MCAC 上同时催化水解 COS 和 CS_2 的产物 H_2S 可能与 O_2 发生反应在催化剂表面生成单质 S 和硫酸盐的混合物。单质硫和硫酸盐的混合物能够阻塞催化剂的孔道，降低催化剂比表面积，导致催化剂活性的下降。

表 3 – 7　失活前后 Fe – Cu – Ni/MCAC 样品 EDS 表征分析结果

元素	新鲜催化剂		失活催化剂	
	质量分数/%	元素百分比（原子分数）/%	质量分数/%	元素百分比（原子分数）/%
C	49.51	69.84	36.92	58.28
O	12.80	13.56	13.86	16.42
Na	2.11	1.55	3.77	3.11
Al	3.17	1.99	3.43	2.41
Si	3.40	2.05	3.82	2.58
S	7.00	3.70	10.34	6.11
K	5.73	2.48	12.02	5.83
Fe	12.59	3.82	12.18	4.14
Ni	1.10	0.32	1.04	0.34
Cu	2.60	0.69	2.63	0.78

为了进一步验证上述推测，实验对失活前后的催化剂进行了比表面积和孔结构特点的测试和分析，如表 3 – 8 所示，新鲜催化剂的比表面积（401m^2/g）、微孔比表面积（122m^2/g）和总孔体积（0.22cm^3/g）均比失活后催化剂的要大（失活后的催化剂比表面、微孔比表面积和总孔体积分别为 346m^2/g、105m^2/g 和 0.192cm^3/g）。如图 3 – 24 所示，两种催化剂的 N_2 吸附等温线属于按 IUPAC 的 I 型等温线，说明这些催化剂中仍然是微孔占主导，且其分布较为集中。与此同时，新鲜催化剂 N_2 吸附等温线的累积吸附量最大，而失活后的催化剂其 N_2 吸附等温线的累积吸附量明显减少。

表 3 – 8　失活前后的催化剂物性参数

样品	比表面积/$m^2 \cdot g^{-1}$	微孔比表面积/$m^2 \cdot g^{-1}$	总孔容/$cm^3 \cdot g^{-1}$	平均孔径/nm
新鲜样	401	122	0.220	2.19
失活样	346	105	0.192	2.22

从图 3 – 25 中可以看出两种催化剂的孔分布同样均小于 8.0nm，且大部分小于 4.0nm。在 1.0 ~ 3.0nm 的孔径范围中，每个催化剂也是在 1.6nm，2.0nm 和 3.0nm 处有三个峰值，但是在 1.5 ~ 3.0nm 这个范围中，新鲜催化剂与失活后的催化剂相比，具有较多的孔分布。这说明失活后催化剂的部分孔道被硫酸盐或者

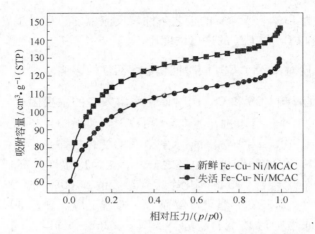

图 3-24 失活前后 Fe-Cu-Ni/MCAC 催化剂的 N₂ 吸附等温线

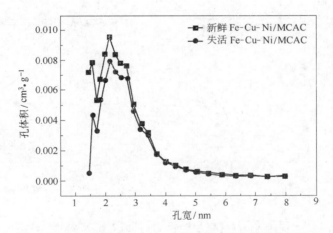

图 3-25 失活前后 Fe-Cu-Ni/MCAC 催化剂的孔径分布

单质硫（水解产物 H₂S 与反应体系中的 O₂ 反应所生成）堵塞，造成比表面积的下降和孔体积的减小。这也进一步证实了前文的结论。

3.4 实验工艺条件的影响

本节重点考察实验工艺条件对催化剂同时催化水解 COS 和 CS₂ 的影响，上文通过对催化剂的制备和筛选发现，Fe/MCAC、Fe-Cu/MCAC 和 Fe-Cu-Ni/MCAC 三种催化剂的活性较优，其中 Fe-Cu-Ni/MCAC 催化剂具有最佳的催化水解活性，因此本节所采用的催化剂为 Fe-Cu-Ni/MCAC 催化剂，Fe₂O₃ 的负载量为 5%，Fe：Cu：Ni 摩尔比为 10：2：0.5，300℃下焙烧 3h（空气为载气），

KOH 质量分数为 13%。所考察的工艺条件有反应温度、相对湿度（RH）、氧含量、反应空速和 COS 与 CS$_2$ 的进口浓度比。

3.4.1　反应温度对 COS、CS$_2$ 同时催化水解活性的影响

反应温度是影响 COS 和 CS$_2$ 同时催化水解效率的主要因素之一。实验选择在低温范围内的五个温度点进行温度影响的考察。如图 3-26 所示，随着反应温度从 30℃升高到 70℃，COS 和 CS$_2$ 水解效率的变化规律是不同的。其中，随着反应温度的升高，COS 的转化率也随之升高，当反应温度升高到 70℃时，Fe-Cu-Ni/MCAC 催化剂上 COS 的转化率达到最大值，100% 的 COS 转化率能够维持 420min。然而，对于 CS$_2$ 催化水解而言，随着反应温度从 30℃升高到 70℃，其转化率呈现先增加后减小的趋势。从图 3-26b 中可以发现，Fe-Cu-Ni/MCAC 催化剂在 50℃下具有最高的 CS$_2$ 转化率，随着反应温度继续升高，CS$_2$ 的转化率随之下降。

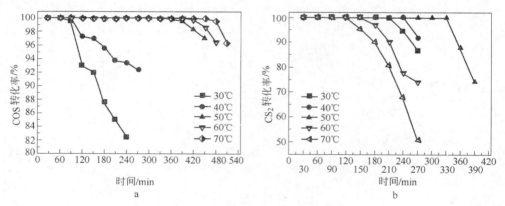

图 3-26　反应温度对 COS 和 CS$_2$ 同时催化水解活性的影响

a—COS 转化率；b—CS$_2$ 转化率

（COS 浓度：980mg/m^3；CS$_2$ 浓度：30mg/m^3；空速：10000/h；RH：49%；O$_2$：0.5%）

图 3-27 是催化剂的硫容随反应温度的变化柱状图，随着反应的进行，当 COS 和 CS$_2$ 的转化率分别低于 90% 的时候，认为催化剂失活，此时催化剂的硫容为工作硫容。从图中可以看出，当反应温度为 30℃时，催化剂的硫容仅为 14.88mg(S)/g，而随着反应温度的升高，催化剂的工作硫容逐渐增加，但是当反应温度超过 50℃时，催化剂的硫容增加幅度并不是很明显，70℃时的工作硫容为 39.64mg(S)/g，比 50℃时的硫容仅仅增加了 1.1mg(S)/g。这是因为虽然 COS 的转化率随着反应温度的升高而增加，但是反应温度超过 50℃后，COS 的转化率提升并不明显，反而 CS$_2$ 的转化率会急剧下降，导致其工作硫容的增加幅

度较低。

由于 COS 和 CS$_2$ 的催化水解反应速率在较低的温度下很低，所以在较低温度下，同时催化水解的活性和催化剂硫容较低。随着反应温度的升高，催化水解反应速率增加，反应更容易发生，且硫酸盐物种在较高的温度下较易生成。作为水解产物，H$_2$S 在有氧条件下转化成单质 S 或者硫酸盐的反应是一种平行反应，随着反应温度的升高，H$_2$S 转化成硫酸盐的速

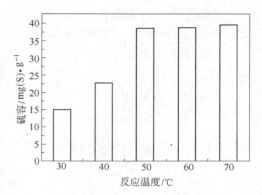

图 3 – 27 反应温度对催化剂硫容的影响

率要快于转化成硫单质的速率。另一方面，较高的反应温度能够促进催化水解和化学吸附过程的进行，但是会抑制物理吸附的过程。当反应温度超过 50℃时，硫酸盐会更加容易并且更加迅速地生成，从而使催化剂中毒并抑制了催化水解反应的进行，因此，CS$_2$ 的脱除效率在 50℃以上时急剧下降，而 COS 的脱除效率虽然有提高，但是提高幅度有所限制，导致工作硫容的增加趋势不明显。由实验结果可以看出，COS 和 CS$_2$ 同时催化水解反应在 50℃左右较为适宜，超过 50℃，工作硫容的提升也不是很明显，且能耗较 50℃时要高。

3.4.2 相对湿度对 COS、CS$_2$ 同时催化水解活性的影响

水蒸气是 COS 和 CS$_2$ 催化水解的必需反应物，黄磷尾气中有少量的水蒸气可以参与反应，相对湿度是影响催化水解反应的因素之一。实验对相对湿度的影响进行了详细的分析和讨论。水蒸气通过水饱和器带入反应器中，相对湿度通过水饱和器的温度调节来控制。实验中分别选择了水饱和器的温度为 0.5℃、2.0℃、5.0℃、15℃、25℃、35℃和无水七种情况进行考察，对应的相对湿度（RH）分别为 17%、32%、49%、60%、75%、96% 和 0%。

如图 3 – 28a 所示，较低的水含量有利于提高 COS 的催化水解效率。当相对湿度为 17% 时（水饱和器的温度为 0.5℃），COS 的催化水解活性达到最佳，100% 的 COS 转化率能够维持 420min，且在初始的 420min 内没有在出口检测到 H$_2$S 的产生，而随着反应的进一步进行，出口能够检测到 H$_2$S 气体。然而，过多的水含量会抑制 COS 的水解活性，同时水蒸气和 COS 之间存在着竞争吸附。当相对湿度超过 49% 时，COS 的催化水解活性明显下降。由于二者在催化剂表面的竞争吸附带来的负面效应要大于由吸附态的水提供的羟基基团带来的正面效应，所以催化水解的效率会下降。另外，当相对湿度达到一定程度以后，催化剂的孔道表面会形成水膜，虽然水膜的形成会为整个反应的产物提供更多的容纳空

间，但是过多含量的水膜有可能会阻止 COS 或 CS_2 向水解中心进行扩散，抑制催化水解反应的进行。如图 3 - 28b 所示，不同相对湿度下 CS_2 的水解效率变化趋势与 COS 的脱除效率趋势相同。当相对湿度低于 32% 时，CS_2 脱除效率明显下降，这是因为没有足够的水与 CS_2 发生反应。除此之外，有氧条件下，水解产物 H_2S 在催化剂上被氧化时，水的作用也是十分重要的。随着相对湿度的增加，H_2S 的氧化速率也会随之增加。

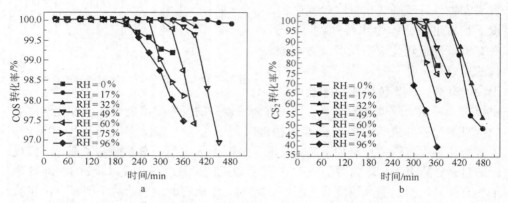

图 3 - 28   相对湿度对 COS 和 CS_2 同时催化水解活性的影响

a—COS 转化率；b—CS_2 转化率

（COS 浓度：980mg/m^3；CS_2 浓度：30mg/m^3；空速：10000/h；反应温度：50℃；O_2：0.5%）

图 3 - 29 是催化剂的硫容随相对湿度的变化柱状图，随着反应的进行，当 COS 和 CS_2 的转化率分别低于 90% 的时候，认为催化剂失活，此时催化剂的硫容为工作硫容。从图中可以看出，当相对湿度为 17% 时，催化剂的工作硫容最大，为 48.67mg(S)/g，随着相对湿度的不断增大，催化剂的工作硫容随之下降，在 17% ~49% 的相对湿度范围内，催化剂的硫容维持在 40mg(S)/g 左右，是比较理想的相对湿度范围。

从图 3 - 28 和图 3 - 29 中发现，当混合气不经过水饱和器而直接通过装有催化剂的反应器后（即无水条件），COS 脱除效率要高于 RH 为 96% 时 COS 的脱除效率，而 CS_2 的脱除效率高于 RH 为 74% 和 96% 时 CS_2 的脱除效率，且当 RH 为 0 时，催化剂的硫容同样略高于 RH 为 96% 时的催化剂硫容。这是因为催

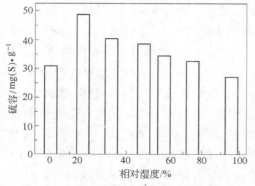

图 3 - 29   相对湿度对催化剂硫容的影响

化剂内部本身含有一些结合水，这些少量的水可以保证 COS 和 CS$_2$ 在反应的最初阶段具有较高的脱除效率。但这些结合水含量有限，随着反应的进行，催化剂内部的结合水会随之完全反应并消失，COS 和 CS$_2$ 的催化水解活性也就下降。与此同时，造成这种现象的原因还有可能是因为活性炭本身具有一定的吸附能力，当没有水蒸气引入时，活性炭会吸附 COS 和 CS$_2$，使得催化剂在初始阶段能够脱除一定量的 COS 和 CS$_2$。所以，即使没有水蒸气引入，催化剂也具有一定的脱除 COS 和 CS$_2$ 能力，但这种反应持续时间有限。

3.4.3 氧含量对 COS、CS$_2$ 同时催化水解活性的影响

课题组前期研究发现，对于单独脱除 COS 而言，少量的氧气能够导致 COS 脱除效率的降低，而对于 CS$_2$ 的单独催化水解脱除而言，少量的氧气有利于其催化水解效率的提高，但过多的氧含量会使催化剂中毒失活。黄磷尾气中含有少量 O$_2$（约 0.5% 左右），实验考察了 0% ~ 7.3% 范围内 O$_2$ 含量对 COS 和 CS$_2$ 同时催化水解效率的影响。

如图 3 – 30 所示，O$_2$ 的引入使 COS 和 CS$_2$ 的水解效率明显下降，且随着氧含量的增加，脱除效率下降越明显。图 3 – 31 是催化剂的硫容随氧含量变化的柱状图，随着反应的进行，当 COS 和 CS$_2$ 的转化率分别低于 90% 的时候，认为催化剂失活，此时催化剂的硫容为工作硫容。当氧含量为 0% 时，催化剂工作硫容最大，随着氧含量的不断增加，催化剂的工作硫容随之下降，在 0% ~ 3.6% 的氧含量范围内，催化剂的硫容维持在 30mg(S)/g 左右，说明催化剂能够比较适应有少量氧的条件。混合气中存在 O$_2$ 时，水解产物 H$_2$S 氧化过程的中间产物会

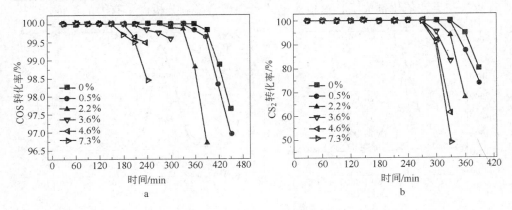

图 3 – 30　氧含量对 COS 和 CS$_2$ 同时催化水解活性的影响

a—COS 转化率；b—CS$_2$ 转化率

（COS 浓度：980mg/m^3；CS$_2$ 浓度：30mg/m^3；空速：10000/h；反应温度：50℃；RH：49%）

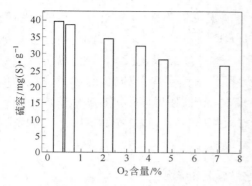

图 3-31   氧含量对催化剂硫容的影响

被进一步氧化成 SO_4^{2-}。另外，水解产物 H_2S 可与氧发生反应生成单质硫，H_2S 和单质 S 在氧的作用下同样会转化为硫酸盐（$H_2S + O_2 \rightarrow H_2O + S/SO_4^{2-}$）。所以，随着氧含量的增加，$H_2S$ 的氧化速率也会增加，更多的硫酸盐物种就会很快的生成。作为催化剂中毒的主要因素，这些硫酸盐能够附着在催化剂的表面，催化剂的大多数微孔将被堵塞，导致催化剂的催化水解活性下降。因此，在较高的 O_2 含量下，催化剂的失活速率会明显增加。

为了弄清氧含量对 Fe-Cu-Ni/MCAC 催化剂上同时催化水解 COS 和 CS_2 的影响，实验中对不同氧含量条件下（氧含量分别为 2.2% 和 7.3%）失活后的催化剂进行了 XPS 检测，特别是对催化剂表面元素 S 进行了分析。从图 3-32 中可以看出，失活催化剂的 S2p XPS 谱图出现三个谱峰，分别是 S 单质（161.4eV），RSO_3^-（167.8eV，可能是 HSO_3^- 或者砜型硫），硫酸盐/SO_4^{2-}（169.8eV）。很明显可以看出，在有氧条件下催化水解产物 H_2S 氧化的最终产物仍然为单质 S 和硫酸盐的混合物，其中氧含量能够影响单质 S 和硫酸盐的含量。从表 3-9 中可以看出，随着氧含量的增加（从 2.2%~7.3%），失活后的催化剂表面硫酸盐的含量也有明显的增加，但是单质 S 和氧化过程的中间产物 RSO_3^-/HSO_3^- 则有明显的减少。氧含量的增加会使水解产物 H_2S 和单质 S 更快的转化成硫酸盐，导致催化剂失活，这也对上述氧含量的影响分析做了有力的论证。

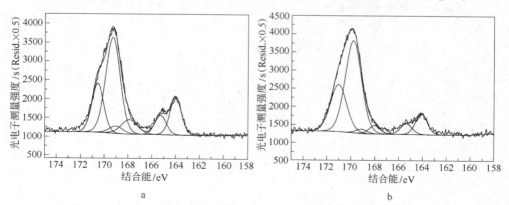

图 3-32   失活 Fe-Cu-Ni/MCAC 样品的 S2p XPS 谱图
a—氧含量为 2.2% 时失活催化剂的 S2p XPS 谱图；b—氧含量为 7.3% 时失活催化剂的 S2p XPS 谱图

表 3 - 9 不同氧含量下失活后 Fe - Cu - Ni/MCAC 样品不同 S 物种的含量

样　品	S2p（原子分数）/%		
	164.1/eV	167.8/eV	169.8/eV
2.2% O_2	1.043	0.561	3.328
7.3% O_2	0.673	0.246	3.907

3.4.4 空速对 COS、CS_2 同时催化水解活性的影响

反应空速是评价 COS 和 CS_2 同时催化水解反应的重要因素之一，实验中考察了 6500 ~ 20000/h 范围内的空速对 COS 和 CS_2 同时催化水解活性的影响。从图 3 - 33 中可以看出，随着空速的升高，COS 和 CS_2 的脱除效率明显下降。当空速为 6500/h 时，100% 的 COS 转化率和 100% 的 CS_2 转化率均维持了 510min。但是，当空速增加到 10000/h 时，100% 的 COS 转化率和 100% 的 CS_2 转化率维持了 330min，而当反应空速增加到 15000/h 和 20000/h 时，COS 和 CS_2 的转化率下降更为明显，如在 20000/h 的空速下，180min 时，COS 的转化率为 90% 左右，而 CS_2 的转化率仅仅为 75% 左右，较大的空速使催化水解活性急剧下降。

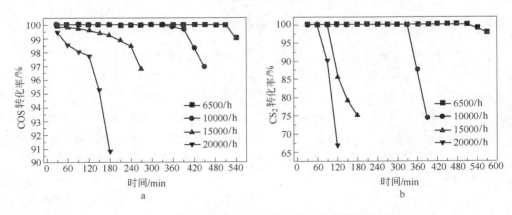

图 3 - 33 空速对 COS 和 CS_2 同时催化水解活性的影响

a—COS 转化率；b—CS_2 转化率

（COS 浓度：980mg/m^3；CS_2 浓度：30mg/m^3；RH：49%；反应温度：50℃；O_2：0.5%）

在较低空速下，COS 和 CS_2 气体分子与气态的 H_2O 分子在催化剂表面的停留时间比较长，这将有利于它们在催化剂表面的吸附和扩散，故较低空速下的水解活性高。同时当反应空速较低时，水解反应处于外扩散或者外扩散和动力学共同控制的过渡区，外扩散对反应的影响较大。相反，当反应空速较大时，反应的流体线速度较大，边界层厚度会变薄，反应受到较小的外扩散影响甚至不受外扩

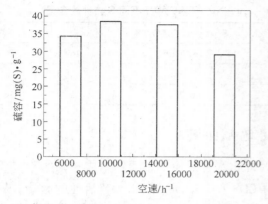

图 3-34 空速对催化剂硫容的影响

散的影响，反而受内扩散或动力学控制，消除了外扩散的影响，因此在后续动力学研究时将选择较大的空速条件。

图 3-34 是催化剂的硫容随空速的变化柱状图，随着反应的进行，当 COS 和 CS_2 的转化率分别低于 90% 的时候，认为催化剂失活，此时催化剂的硫容为工作硫容。从图中可以看出，催化剂的硫容是随空速的增大，先增大后减小的。当空速为 6500/h 时，催化剂的工作硫容为 34.38mg(S)/g，当空速升到 10000/h 时，催化剂的工作硫容达到最大，空速继续增加，催化剂的硫容也随之减少，空速为 15000/h 时，硫容仍达到了 37.63mg(S)/g。但从图中可以看出，6500～20000/h 空速范围内，催化剂的工作硫容整体变化幅度并不很大，说明 Fe-Cu-Ni/MCAC 催化剂在此空速范围内较为稳定。

3.4.5 进口浓度比对 COS、CS_2 同时催化水解活性的影响

COS 和 CS_2 的进口浓度比（COS/CS_2）是影响催化剂同时催化水解效率的主要因素之一。实验分别考察了 COS/CS_2 为 40:1、7:1 和 3:1 的条件下（COS 和 CS_2 的总的进口浓度恒定为 $410×10^{-6}$），催化剂同时脱除 COS 和 CS_2 的效率。如图 3-35 所示，随着 COS 和 CS_2 的进口浓度比从 40:1 下降到 3:1，催化剂同时催化水解效率也随之明显的下降。换言之，当 COS 和 CS_2 总的进口浓度恒定时，增加 CS_2 的浓度，同时减小 COS 的浓度，会抑制催化剂对 COS 和 CS_2 同时催化水解的活性。

表 3-10 是催化剂的硫容随 COS 和 CS_2 进口浓度比的变化情况，随着反应的进行，当 COS 和 CS_2 的转化率分别低于 90% 的时候，认为催化剂失活，此时催化剂的硫容为工作硫容。从表中可以看出，当 COS/CS_2 为 40:1 时，催化剂的工作硫容最大，为 38.54mg(S)/g，随着进口浓度比的不断减小，催化剂的工作硫容随之下降，在 COS/CS_2 为 7:1 和 3:1 时，催化剂的硫容分别为 28.23mg(S)/g 和 26.68mg(S)/g。造成这种现象的原因可能是，CS_2 的催化水解反应可能是反应的控制步骤，而 COS 又是 CS_2 的水解中间产物，更高浓度的 CS_2 会产生更多的 COS，导致催化水解活性的下降。同时，CS_2 的反应速率要小于 COS 的水解反应速率，由于 COS 和 CS_2 的总浓度是恒定的，增加 CS_2 的浓度，意味着增加了 S 的初始含量，反应最终生成的 H_2S 也会较多，而 H_2S 氧化过程后的硫

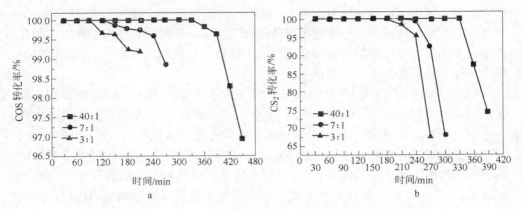

图 3 - 35　进口浓度比对 COS 和 CS$_2$ 同时催化水解活性的影响

a—COS 转化率；b—CS$_2$ 转化率

（RH：49%；空速：10000/h；反应温度：50℃；O$_2$：0.5%）

酸盐也会相应增多。所以，当较高浓度的 CS$_2$ 引入时，催化剂的孔道容易被堵塞，催化水解活性快速的下降。

表 3 - 10　进口浓度比（COS/CS$_2$）对催化剂硫容的影响

进口浓度比（COS/CS$_2$）	40：1	7：1	3：1
催化剂的硫容/mg(S)·g^{-1}	38.54	28.23	26.68

3.5　本章小结

（1）对多种单一组分金属氧化物负载微波煤质活性炭用于同时催化水解 COS 和 CS$_2$ 的反应进行了系统地考察，研究结果表明，相比空白微波煤质活性炭和其他活性组分改性后的活性炭催化剂，负载 Fe$_2$O$_3$ 的微波煤质活性炭催化剂具有最高的活性。

（2）实验对不同焙烧温度下制备的 Fe/MCAC 催化剂同时催化水解 COS 和 CS$_2$ 的活性进行了考察，研究表明，300℃ 的焙烧温度会使催化剂具有较大的比表面积和微孔结构，有利于提高催化剂的催化水解活性。而过高或者过低的焙烧温度均不利于反应的进行。在此基础上，实验中对比了不同的焙烧气氛对催化剂活性的影响，结果表明 N$_2$ 气氛保护下焙烧后的催化剂脱除 COS 和 CS$_2$ 的活性要优于空气气氛下焙烧的催化剂，在 N$_2$ 气氛下焙烧的催化剂表面过渡金属硝酸盐会发生相对单纯的分解反应，生成对应的金属氧化物，所以其活性会比空气焙烧下所得的催化剂好。

（3）实验考察了不同 Fe$_2$O$_3$ 含量对同时催化水解 COS 和 CS$_2$ 活性的影响，

研究表明，当 Fe_2O_3 负载量为 5% 时，催化剂的活性最好。过多的 Fe_2O_3 会占据更多的活性炭表面活性位，催化水解效率随之下降。同时，活性炭的吸附位和孔道被过多的金属氧化物堵塞，催化剂的表面活性中心的利用率降低，比表面积也随之下降，从而抑制催化水解反应。

（4）实验考察了不同的碱金属对同时催化水解 COS 和 CS_2 的活性影响。催化剂的活性顺序为：$KOH > K_2CO_3 > Na_2CO_3 > NaHCO_3$，这表明在活性炭的表面"—OH"物种是 COS 和 CS_2 同时催化水解反应的重要活性基团。KOH 浸渍后的活性炭具有最多的碱性基团，在此基础上，实验考察了不同 KOH 的含量对催化剂活性的影响，研究表明随着 KOH 含量的增加，COS 和 CS_2 的脱除效率先增加后降低，当 KOH 的负载量为 13% 时，催化剂显示出最佳的催化水解活性。当碱性基团较少时，其促进作用是有限的，相反，过多的碱性基团会占据催化剂表面更多的活性位和活性中心，阻塞孔道，所以过多的碱性基团会抑制催化剂的催化水解活性。

（5）实验对 Fe/MCAC 催化剂进行进一步改性，添加了第二组分和第三组分，系统考察第二、三组分种类和含量对同时催化水解 COS 和 CS_2 的影响，结果表明，当第二组分为 CuO，第三组分为 NiO，且 Fe∶Cu∶Ni 摩尔比为 10∶2∶0.5 时，所得的改性微波煤质活性炭催化剂活性最高。Fe∶Cu∶Ni 摩尔比为 10∶2∶0.5 制得的催化剂具有最大的比表面积，且在 1.5 ~ 3.0nm 这个范围中，具有较多的孔分布，这些因素有利于催化剂水解活性的提高。

（6）实验中对失活前后的 Fe – Cu – Ni/MCAC 催化剂进行了 BET、SEM、EDS 和 XPS 检测，以此来推断失活 Fe – Cu – Ni/MCAC 催化剂表面上的反应产物，结果表明，催化剂 Fe – Cu – Ni/MCAC 同时催化水解 COS 和 CS_2 的反应产物 H_2S 在有氧条件下可能被氧化生成单质 S 和硫酸盐的混合物，导致催化剂的失活。

（7）实验系统考察了工艺条件（反应温度、相对湿度、O_2 含量、空速、进口浓度比）对 Fe – Cu – Ni/MCAC 催化剂同时催化水解 COS 和 CS_2 活性的影响以及催化剂工作硫容的影响，研究所得结论总结如下：过高的反应温度（ >50℃）能够促进 COS 的水解效率，但是却抑制 CS_2 的水解反应；过高的相对湿度和氧含量会导致更多硫酸盐的快速形成，不利于催化水解反应的进行；当进口浓度比 COS/CS_2 从 40∶1 降低到 3∶1 时，COS 和 CS_2 的同时催化水解活性会明显下降。

4 微波椰壳活性炭为载体催化剂的开发及再生研究

负载型催化剂的载体选择是至关重要的，作为催化剂活性物质的支架部分，其作用在于分散活性组分、增加催化剂强度等。不同的载体具有不同的物理性质（例如不同的比表面积、孔结构等）。对于相同的催化反应和相同的活性组分，不同的载体制备出的催化剂的性能可能会有很大的差别。因此选择合适的载体对于催化剂的研制是非常重要的。第 3 章中选择微波煤质活性炭（昆明理工大学冶金与能源工程学院彭金辉教授课题组自行研制生产）为催化剂的载体，负载不同过渡金属以及复合金属氧化物为活性组分制备出一系列催化剂，对其同时催化水解 COS 和 CS_2 的性能进行了相关研究，其中 Fe/MCAC，Fe－Cu/MCAC 和 Fe－Cu－Ni/MCAC 催化剂的催化活性比较理想。

作为载体，微波煤质活性炭虽然来源和应用较为广泛，但是表面的杂质含量较多，孔结构不够发达，所以，本章选择微波椰壳活性炭（昆明理工大学冶金与能源工程学院彭金辉教授课题组自行研制生产）作为催化剂的载体，由于二者同属微波活性炭，虽然活性差异肯定存在，但是活性组分筛选结果应该较为相似，因此本章中改性微波椰壳活性炭的活性组分选择上一章中已经筛选出来效果较好的 Fe－Cu－Ni 复合型金属氧化物制备出新型催化剂，考察其同时催化水解 COS 和 CS_2 的活性规律。

4.1 Fe－Cu－Ni/MCSAC 催化剂同时催化水解 COS、CS_2

4.1.1 催化剂的制备方法

催化剂载体选择昆明理工大学冶金与能源工程学院彭金辉教授课题组自行研制生产的微波椰壳活性炭，催化剂的制备方法与 3.2.1 小节中所述一致，Fe_2O_3 的负载量为 5%，$n(Fe):n(Cu):n(Ni)$ 为 10:2:0.5，使 Na_2CO_3 溶液与金属硝酸盐溶液恰好完全反应，催化剂的焙烧条件为 300℃下焙烧 3h（以空气为载气），最后将焙烧后的催化剂浸渍质量分数为 13% 的 KOH 溶液中，超声浸渍后烘干，即得实验所需要的催化剂。催化剂记为 Fe－Cu－Ni/MCSAC（其中，MCSAC 代表微波煤质活性炭）。

4.1.2 催化剂的活性评价

4.1.2.1   空白 MCAC 和空白 MCSAC 载体同时催化水解 COS 和 CS_2 活性对比

实验首先考察了空白 MCAC 和空白 MCSAC 两种载体同时催化水解 COS 和 CS_2 的效果。从图 4-1 中可以看出，这两种载体的活性还是有很大差别的。两种空白的载体对 COS 的脱除效率都不理想。在空白 MCSAC 载体上，98% 的 COS 转化率仅维持了 30min，30min 后，COS 的催化水解效率急剧下降。在空白 MCAC 载体上，最开始的 30min，COS 的催化水解效率只有 25% 左右。虽然在空白 MCAC 和空白 MCSAC 两种载体上的 COS 脱除效率很差，但 CS_2 的催化水解效率相对来说比较乐观。在空白 MCAC 和空白 MCSAC 载体上，100% 的 CS_2 的转化率分别维持了 270min 和 510min。

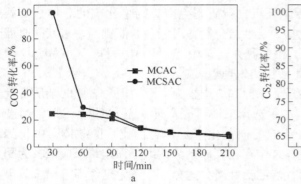
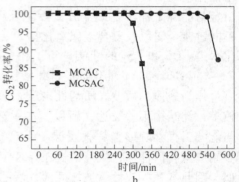

图 4-1   空白微波煤质活性炭和空白微波椰壳活性炭同时催化水解 COS 和 CS_2 活性对比
a—COS 转化率；b—CS_2 转化率

（COS 浓度：980mg/m^3；CS_2 浓度：30mg/m^3；空速：10000/h；反应温度：50℃；RH：49%；O_2：0.5%）

从上述结果可知，空白 MCSAC 载体同时催化水解 COS 和 CS_2 的活性要优于空白 MCAC 载体。首先，空白的活性炭载体并没有负载金属氧化物，但是活性炭本身含有一定的活性基团，这些活性基团可以提供一定的活性中心，所以空白活性炭有一定的脱除 COS 和 CS_2 的能力。然而，一般来说，由于来源的差异，微波煤质活性炭的杂质种类的含量要较微波椰壳活性炭的多，更多的杂质（S、Si、Al 等元素）不利于催化剂活性的提高。

4.1.2.2   Fe-Cu-Ni/MCAC 和 Fe-Cu-Ni/MCSAC 同时催化水解 COS 和 CS_2 活性对比

由第 3 章中的研究得出，在微波煤质活性炭上负载 Fe-Cu-Ni 复合金属氧化物后，催化剂活性能够明显提高，本节中，将催化剂载体换成微波椰壳活性炭，活性组分保持不变，对比了 Fe－Cu－Ni/MCAC 和 Fe－Cu－Ni/MCSAC 催化剂同时催化水解 COS 和 CS₂ 的活性。如图 4－2 所示，两种催化剂都能比较有效地提高 COS 和 CS₂ 的催化水解效率，特别是 Fe－Cu－Ni/MCSAC 催化剂，在 Fe－Cu－Ni/MCAC 催化剂上，100% COS 转化率和100% CS₂ 转化率分别维持了 330min 和 360min；而在 Fe－Cu－Ni/MCSAC 催化剂上，100% 的 COS 转化率和 100% 的 CS₂ 转化率分别维持了 540min 和 600min。

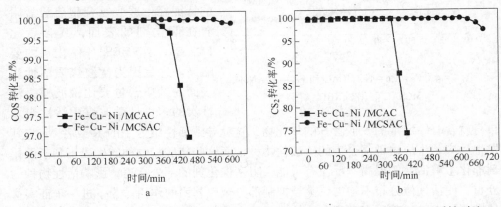

图 4－2　Fe－Cu－Ni/MCAC 和 Fe－Cu－Ni/MCSAC 同时催化水解 COS 和 CS₂ 活性对比

a—COS 转化率；b—CS₂ 转化率

（COS 浓度：980mg/m³；CS₂ 浓度：30mg/m³；空速：10000/h；反应温度：50℃；RH：49%；O₂：0.5%）

　　图 4－3 是两种催化剂的硫容柱状图，随着反应的进行，当 COS 和 CS₂ 的转化率分别低于 90% 的时候，认为催化剂失活，此时催化剂的硫容为工作硫容。从图中可以看出，Fe－Cu－Ni/MCSAC 催化剂的工作硫容明显高于 Fe－Cu－Ni/MCAC 催化剂，前者为 56.77mg(S)/g，后者为 38.54mg(S)/g。

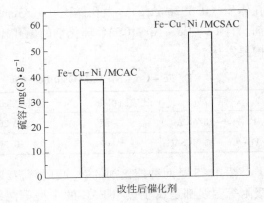

图 4－3　Fe－Cu－Ni/MCAC 和 Fe－Cu－Ni/MCSAC 催化剂的硫容

　　为了分析改性微波煤质活性炭和改性微波椰壳活性炭活性差异的原因，实验对两种催化剂进行了 XRD 测试分析，如图 4－4 所示。从图中可以看出，由于焙烧温度仅仅为300℃，碳材料是非晶性的，它的背景峰很强，而金属氧化物的含量又远远低于碳的含

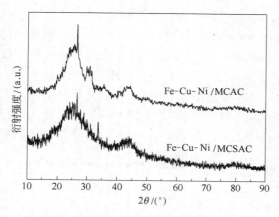

图 4 - 4　Fe - Cu - Ni/MCAC 和 Fe - Cu - Ni/
MCSAC 催化剂 XRD 谱图

量，所以两种催化剂上氧化物的形态和含量变化不是很明显。然而，从图中 Fe - Cu - Ni/MCAC 的 XRD 曲线上还是能观察到有些相对较强的衍射峰出现在 $2\theta =$ 30. 39° 和 31. 49°，与标准谱图图库对比，可知这些是 $K_3Na(SO_4)_2$ 的特征峰，这些复合型硫酸盐附着在催化剂的表面，其含量比 Fe - Cu - Ni/MCSAC 催化剂的要略高。这是因为微波煤质活性炭表面的杂质含量要比微波椰壳活性炭的多，且微波煤质活性炭上自身就含有一定量的 S 或者 S 的氧化物，这就导致活性组分中的 K 或者 Na 与其发生反应，生成这种复合型的硫酸盐物种，而这些硫酸盐物种的生成不利于催化剂催化水解活性的提高，反而有可能会阻塞催化剂的部分孔道，影响活性物种的分布，使活性位分布不均匀，甚至抑制部分碱性基团的作用。为了进一步证实这种推测，实验对其比表面积和孔结构的特点进行了分析。

　　为了进一步分析 Fe - Cu - Ni/MCAC 和 Fe - Cu - Ni/MCSAC 催化剂同时催化水解 COS 和 CS_2 活性差异的原因，实验中对其比表面积和孔结构进行了全面的分析。如表 4 - 1 所示，Fe - Cu - Ni/MCSAC 催化剂的比表面积（$802m^2/g$）、总孔体积（$0.397cm^3/g$）、微孔体积（$0.33cm^3/g$）均大于 Fe - Cu - Ni/MCAC 催化剂。且 Fe - Cu - Ni/MCSAC 催化剂的微孔比 Fe - Cu - Ni/MCAC 催化剂的微孔结构要发达。

表 4 -1　Fe - Cu - Ni/MCAC 和 Fe - Cu - Ni/MCSAC 催化剂的物性参数影响

样　品	比表面积/$m^2 \cdot g^{-1}$	总孔容/$cm^3 \cdot g^{-1}$	微孔孔容/$cm^3 \cdot g^{-1}$	平均孔径/nm
Fe - Cu - Ni/MCAC	457	0. 268	0. 197	2. 35
Fe - Cu - Ni/MCSAC	802	0. 397	0. 330	1. 98

　　图 4 - 5 是两种催化剂的 N_2 吸附等温线，从图中可以看出两种催化剂的 N_2 吸附等温线都是属于按 IUPAC 的 I 型等温线，说明这些催化剂中微孔占主导，且微孔分布较为集中，仅仅有少量的介孔和大孔存在。与此同时，Fe - Cu - Ni/MCSAC 催化剂的吸附等温线的累积吸附量要比 Fe - Cu - Ni/MCAC 催化剂的大。

　　图 4 - 6 的孔径分布图验证了这一点，从图 4 - 6a 中可以明显看出，两种催化剂的孔分布均小于 10. 0nm，大部分小于 5. 0nm，这也进一步验证了对于这两

种样品 N₂ 吸附等温线特点的判断。
对于 Fe－Cu－Ni/MCAC 催化剂而
言，在 3.0 ~ 10.0nm 的介孔范围
中，有两个峰值，分别位于 3.5nm
和 4.0nm。而对于 Fe－Cu－Ni/
MCSAC 催化剂来说，在 3.5 ~
4.0nm 的范围内，具有较多的孔分
布。图 4 -6b 给出了两个催化剂更
小范围的微孔分布（小于 2nm），
从图中可以看出，相比 Fe－Cu－
Ni/MCAC 催化剂，催化剂 Fe－
Cu－Ni/MCSAC 在 0.3 ~ 1.2nm 范

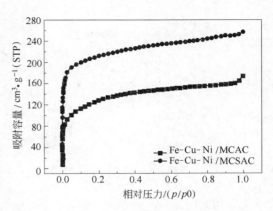

图 4 - 5　Fe － Cu － Ni/MCAC 和 Fe － Cu － Ni/
MCSAC 催化剂的 N₂ 吸附等温线

围内具有更多的微孔分布。这些结果说明，较高的比表面积和较多的微孔以及介
孔（0.3 ~ 1.2nm 和 3.5 ~ 4.0nm 范围内的孔）对 COS 和 CS₂ 的同时催化水解起
到了一定的作用。

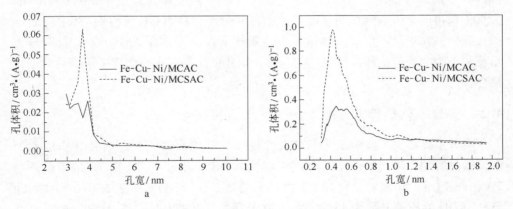

图 4 - 6　Fe － Cu － Ni/MCAC 和 Fe － Cu － Ni/MCSAC 催化剂孔径分布图
a—3 ~ 10nm 范围分布；b— < 2.0nm 范围分布

　　第 3 章中分析到微波煤质活性炭经过改性后（Fe － Cu － Ni/MCAC），表面会
生成以 Fe₂O₃ 为主要活性组分的氧化物。为了确定改性椰壳活性炭催化剂（Fe －
Cu － Ni/MCSAC）在不同的焙烧温度下的催化剂表面形成的物种特点，对催化剂
进行了热重分析。图 4 - 7 为 Fe － Cu － Ni/MCSAC 催化剂前驱体的热重分析
结果。

　　由图可见，TG 和 DTA 曲线对应良好，呈现多个阶段的明显失重，第一阶段
失重主要发生 300 ~ 400℃之间，对应是硝酸铁和硝酸镍的前驱体的分解，产生

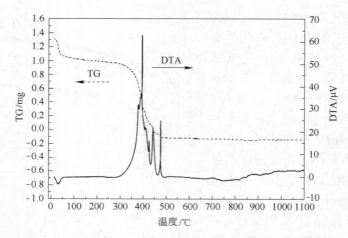

图 4 – 7　焙烧前 Fe – Cu – Ni/MCSAC 催化剂的 TG – DTA 曲线

了大量的 Fe_2O_3 和 NiO。第二阶段失重主要发生在 $400 \sim 450℃$ 之间，这个温度范围内可能是硝酸铜前驱体的分解，生成了 CuO。第三阶段则是 $450 \sim 500℃$ 下的失重，这可能是因为催化剂表面其他物种的分解。从 $500℃$ 开始 TG 几乎就是一条直线，失重现象不明显。热重分析与催化活性吻合，在 $300 \sim 400℃$ 有明显失重现象，为主要的硝酸盐前驱体的分解，因此催化剂在这个温度下焙烧后其催化活性较好。

4.2　实验工艺条件的影响

本节重点考察了实验工艺条件对改性椰壳活性炭催化剂同时催化水解 COS 和 CS_2 的影响，采用的催化剂为 Fe – Cu – Ni/MCSAC 催化剂，Fe_2O_3 的负载量为 5%，Fe：Cu：Ni 摩尔比为 10：2：0.5，焙烧条件为 $300℃$ 下焙烧 3h（空气为载气），KOH 的质量分数为 13%。本节所考察的工艺条件有反应温度、相对湿度（水含量）、氧含量、空速、COS 与 CS_2 的进口浓度比（COS/CS_2）和不同气氛条件（CO 和 H_2S 气氛的影响）。

4.2.1　反应温度对 COS、CS_2 同时催化水解活性的影响

反应温度是影响 COS 和 CS_2 同时催化水解效率的主要因素之一，实验选择在低温范围内的五个温度点进行温度影响的考察。如图 4 – 8 所示，随着反应温度升高，COS 和 CS_2 转化率的变化规律有所不同。其中，COS 的转化率随反应温度的升高而升高，当反应温度达到 $70℃$ 时，Fe – Cu – Ni/MCSAC 催化剂上 COS 的转化率达到最大值，100% 的 COS 转化率维持 300min，在反应的初始阶段没有

检测到出口中有 H_2S 的生成，而随着反应的继续进行，出口中有 H_2S 气体检出。然而，对于 CS_2 催化水解而言，随着反应温度从30℃升高到70℃，其转化率呈先增加后减小的趋势。从图4-8b中可以看出，Fe-Cu-Ni/MCSAC 催化剂在50℃下具有最高的 CS_2 转化率，在50℃下，100%的 CS_2 转化率维持330min，而随着反应温度继续升高，CS_2 的转化率随之下降。

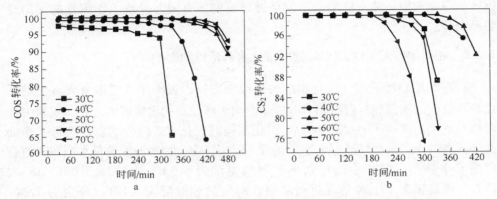

图4-8　反应温度对 COS 和 CS_2 同时催化水解活性的影响

a—COS 转化率；b—CS_2 转化率

（COS 浓度：980mg/m³；CS_2 浓度：46mg/m³；空速：18000/h；RH：49%；O_2：0.5%）

图4-9是催化剂的硫容随反应温度的变化柱状图，随着反应的进行，当 COS 和 CS_2 的转化率分别低于90%的时候，认为催化剂失活，此时催化剂的硫容为工作硫容。随着反应温度的升高，催化剂的工作硫容逐渐增加，但是当反应温度超过50℃时，催化剂的硫容增加幅度并不是很明显，例如50℃时的硫容为56.74mg（S）/g，而70℃时的工作硫容为58.03mg（S）/g，比50℃

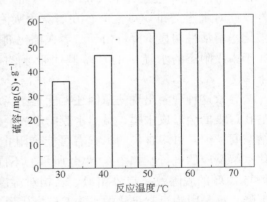

图4-9　反应温度对催化剂硫容的影响

时的硫容仅仅增加了1.29mg（S）/g。这是因为虽然 COS 的转化率是随着反应温度的升高而增加的，但反应温度超过50℃后，COS 的转化率提升并不明显，反而 CS_2 的转化率会急剧下降，导致催化剂的工作硫容增加幅度有限。

COS 和 CS_2 的催化水解反应速率在较低反应温度下较低，同时催化水解活性和催化剂硫容也很低。但是，随着反应温度的升高，催化水解的反应速率也随之增加，且在较高的温度和有氧条件下，水解产物 H_2S 容易被氧化生成硫酸盐物种。H_2S 在催化剂上转化成单质 S 或者硫酸盐的反应是一种平行反应，随着反应温度的升高，H_2S 转化成硫酸盐的速率要快于转化成单质硫的速率。当反应温度超过 50℃时，硫酸盐的生成会变得更加容易且更加迅速，从而使催化剂中毒，抑制了催化水解反应的进行。因此，CS_2 的脱除效率在 50℃以上时急剧下降，而 COS 的脱除效率虽然有所提高，但是提高幅度很有限，导致工作硫容的增加趋势不明显。

4.2.2　相对湿度对 COS、CS_2 同时催化水解活性的影响

水蒸气是 COS 和 CS_2 催化水解的反应物之一，黄磷尾气中本身含有少量可以参与反应的水蒸气，所以相对湿度是影响水解反应的重要因素之一。实验中针对相对湿度对 Fe – Cu – Ni/MCSAC 催化剂同时催化水解活性的影响进行了详细的分析和讨论。水蒸气通过水饱和器带入反应器中，相对湿度通过水饱和器的温度调节来控制。实验中选择水饱和器的温度为 0.3℃、2.0℃、5.0℃、15℃、25℃、35℃和无水七种情况进行考察，对应的相对湿度（RH）分别为 17%、32%、49%、60%、75%、96% 和 0%。

如图 4 – 10a 所示，较低的水含量有利于 COS 的催化水解活性。当相对湿度为 32% 时（水饱和器的温度为 2.0℃），COS 的催化水解活性达到最佳，100% 的 COS 的转化率能够维持 240min。然而，过多的水含量会抑制 COS 的水解活性，同时水蒸气和 COS 之间存在着竞争吸附。当相对湿度超过 49% 时，COS 的催化水解活性明显下降。由于二者在催化剂表面的竞争吸附所带来的负面效应要大于由吸附态的水提供的羟基基团带来的正面效应，所以催化水解的效率会下降。

导致这种现象出现的原因还可能是：当水含量升高到一定程度以后，催化剂的孔道表面会形成水膜，虽然水膜的形成会为催化水解反应的产物提供更多的容纳空间，但是过多含量的水膜有可能会阻止 COS 向水解中心进行扩散，抑制催化水解反应的进行。如图 4 – 10b 所示，不同相对湿度下 CS_2 的水解效率变化趋势与 COS 的脱除效率趋势相似。当相对湿度低于 32% 时，CS_2 的脱除效率有所下降，这是因为没有足够的水与 CS_2 发生反应。除此之外，有氧条件下水解产物 H_2S 在催化剂上被氧化时，水的作用也是十分重要的。随着相对湿度的增加，H_2S 的氧化速率也会随之增加。

图 4 – 11 是催化剂的硫容随相对湿度的变化柱状图，随着反应的进行，当 COS 和 CS_2 的转化率分别低于 90% 的时候，认为催化剂失活，此时催化剂的硫容为工作硫容。从图中可以看出，当相对湿度为 32% 时，催化剂的工作硫容最大，为 63.5mg(S)/g，随着相对湿度的不断增大，催化剂的工作硫容随之下降，

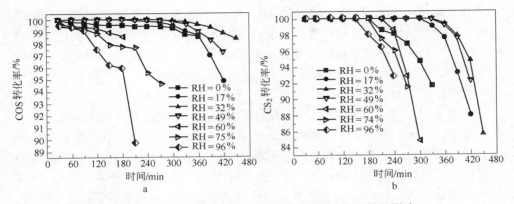

图 4-10　相对湿度对 COS 和 CS₂ 同时催化水解活性的影响

a—COS 转化率；b—CS₂ 转化率

（COS 浓度：980mg/m³；CS₂ 浓度：46mg/m³；空速：18000/h；反应温度：50℃；O₂：0.5%）

在 17% ~ 49% 的相对湿度范围内，催化剂的硫容维持在 60mg(S)/g 左右，是比较理想的相对湿度范围。

从图 4-10 和图 4-11 中可以看出，当混合气不经过水饱和器而直接通过装有催化剂的反应器后（即无水条件，RH = 0%），COS 的脱除效率要高于 RH 为 60%、75% 和 96% 时 COS 的脱除效率，与此同时，CS₂ 的脱除效率高于 RH 为 60%、74% 和 96% 时 CS₂ 的脱除效

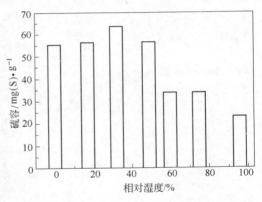

图 4-11　相对湿度对催化剂硫容的影响

率，且当 RH 为 0% 时，催化剂的硫容同样高于 RH 为 60%、74% 和 96% 时的催化剂硫容。其原因与 3.4.2 小节中解释的相似，催化剂内部本身含有一些结合水，可以保证 COS 和 CS₂ 在反应的最初阶段具有较高的脱除效率。随着反应的进行，催化剂内部的结合水随之完全反应并消失，COS 和 CS₂ 的催化水解活性也就下降。还有一种可能是由于微波椰壳活性炭具有较发达的微孔结构，所以当无水时，COS 和 CS₂ 比较容易吸附在活性炭表面，加之少量结合水的水解作用，使得无水条件下，Fe-Cu-Ni/MCSAC 催化剂有一定脱除 COS 和 CS₂ 的能力。

4.2.3　氧含量对 COS、CS₂ 同时催化水解活性的影响

在对改性微波煤质活性炭的研究中发现，O₂ 的添加会使催化剂快速中毒，

导致 COS 和 CS$_2$ 的水解活性降低。O$_2$ 的含量对改性微波椰壳活性炭的活性影响是否与改性微波煤质活性炭一致，目前尚不清楚，所以，有必要研究 O$_2$ 含量对 Fe – Cu – Ni/MCSAC 催化剂同时催化水解 COS 和 CS$_2$ 的影响规律。实验中考察了 0% ~ 10.2% 范围内的 O$_2$ 含量对 Fe – Cu – Ni/MCSAC 催化剂同时催化水解 COS 和 CS$_2$ 的影响。

如图 4 – 12a 所示，O$_2$ 的引入使 COS 的催化水解效率有所下降，且随着氧含量的增加，COS 的脱除效率逐渐降低。而从图 4 – 12b 中可以发现，少量的氧气引入，有利于 CS$_2$ 的催化水解，并且随着氧含量的增加，CS$_2$ 的催化水解效率也有所增加，当氧气量为 3.6% 时，催化剂催化水解 CS$_2$ 的活性最高，维持 100% 转化率的时间为 420min，而当氧含量继续增加时，催化剂的水解活性逐渐降低。在氧含量为 4.6% 时，100% 的 CS$_2$ 转化率维持时间降为 390min，氧含量增加到 10.2% 时，100% 的 CS$_2$ 转化率维持时间仅为 240min。因此可知适量的 O$_2$ 是有利于 CS$_2$ 的催化水解的，原因是适量的氧（少量的氧）可以使 H$_2$S 被氧化的速率加快，促进了催化剂催化水解 CS$_2$ 的活性。相反，随着氧含量的增加，导致生成更多的硫酸盐，其促进作用远远小于抑制作用，所以随着氧含量增加，催化剂的水解活性会降低。

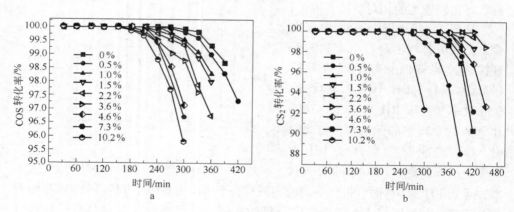

图 4 – 12 氧含量对 COS 和 CS$_2$ 同时催化水解活性的影响

a—COS 转化率；b—CS$_2$ 转化率

（COS 浓度：980mg/m^3；CS$_2$ 浓度：46mg/m^3；空速：18000/h；反应温度：50℃；RH：49%）

图 4 – 13 是催化剂的硫容随氧含量的变化柱状图，随着反应的进行，当 COS 和 CS$_2$ 的转化率分别低于 90% 的时候，认为催化剂失活，此时催化剂的硫容为工作硫容。从图中可以看出，尽管氧含量对 COS 和 CS$_2$ 的催化水解效率影响趋势有所差异，但是当氧含量为 0% 时，催化剂的工作硫容最大，为 57.33mg(S)/g，

随着氧含量的不断增加，催化剂的工作硫容随之下降，在0% ~ 3.6%的氧含量范围内，催化剂的硫容维持在45 ~ 56mg(S)/g左右，当氧含量升高至10.2%时，催化剂的硫容仍达到37.68mg(S)/g，说明催化剂能够比较适应有少量氧的条件。

当实验的混合气中存在 O_2 时，COS 和 CS_2 的水解产物水解产物 H_2S 可与氧发生反应生成单质硫，

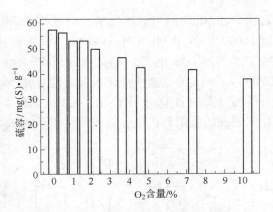

图4-13　氧含量对催化剂硫容的影响

H_2S 和单质 S 在氧的作用下转化为硫酸盐。所以，随着氧含量的增加，H_2S 的氧化速率也会增加，更多的硫酸盐物种就会很快的生成。因此，在较高的 O_2 含量下，催化剂的失活速率会明显增加。

4.2.4　空速对 COS、CS_2 同时催化水解活性的影响

空速是评价 COS 和 CS_2 同时催化水解反应的重要因素之一，实验中考察了8000 ~ 20000/h 范围内的空速对 Fe - Cu - Ni/MCSAC 催化剂同时催化水解 COS 和 CS_2 活性的影响。从图4-14 中可以看出，随着空速的升高，COS 和 CS_2 的脱除效率明显下降。当空速为 8000/h 时，100% 的 COS 转化率和 100% 的 CS_2 转化率分别维持 630min 和 690min。但是，当空速增加到 10000/h 时，100% 的 COS

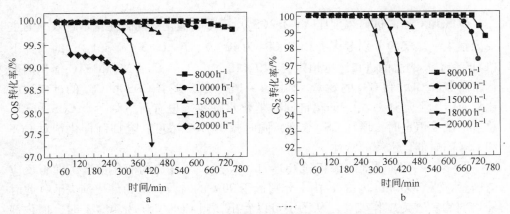

图4-14　空速对 COS 和 CS_2 同时催化水解活性的影响

a—COS 转化率；b—CS_2 转化率

（COS 浓度：980mg/m³；CS_2 浓度：46mg/m³；RH：49%；反应温度：50℃；O_2：0.5%）

转化率和 100% 的 CS_2 转化率分别维持了 540min 和 630min，而当反应空速增加到 18000/h 和 20000/h 时，COS 和 CS_2 的转化率下降更为明显，例如，在 20000/h 的空速下，100% 的 COS 转化率和 100% 的 CS_2 转化率分别仅仅维持了 60min 和 270min，较大的空速使催化水解活性急剧下降。在较低空速下，COS 和 CS_2 气体分子与气态的 H_2O 分子在催化剂表面的停留时间比较长，这将有利于它们在催化剂表面的吸附和扩散，故较低空速下的水解活性高。

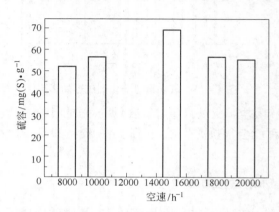

图 4 - 15   空速对催化剂硫容的影响

图 4 - 15 是催化剂硫容随空速变化的柱状图，随着反应进行，当 COS 和 CS_2 的转化率均低于 90% 时，认为催化剂失活，此时催化剂的硫容为工作硫容。催化剂的硫容随空速的增大而先增大后减小。当空速为 8000/h 时，催化剂工作硫容为 51.99mg(S)/g，当空速为 15000/h 时，催化剂的工作硫容达到最大，为 68.84mg(S)/g，空速继续增加，催化剂的硫容也随之减少。但是在 8000 ~ 20000/h 空速范围内，催化剂的硫容变化幅度并不是十分明显，说明 Fe - Cu - Ni/MCSAC 催化剂在这个空速范围内较为稳定。

4.2.5   进口浓度比对 COS、CS_2 同时催化水解活性的影响

COS 和 CS_2 的进口浓度比（COS/CS_2）是影响催化剂同时催化水解效率的主要因素之一。实验分别考察了 COS/CS_2 为 40:1、7:1、3:1 和 1:1 的条件下（COS 和 CS_2 的总的进口浓度恒定为 410×10^{-6}），Fe - Cu - Ni/MCSAC 催化剂催化水解脱除 COS 和 CS_2 的效率。如图 4 - 16 所示，随着 COS 和 CS_2 的进口浓度比从 40:1 下降到 1:1，催化剂同时催化水解效率也有所下降。当 COS 和 CS_2 总进口浓度恒定时，增加 CS_2 浓度，同时减小 COS 浓度，会抑制催化剂对 COS 和 CS_2 同时催化水解的活性。

图 4 - 17 是催化剂的硫容随 COS 和 CS_2 进口浓度比的变化情况，随着反应的进行，当 COS 和 CS_2 的转化率分别低于 90% 的时候，认为催化剂失活，此时催化剂的硫容为工作硫容。从图中可以看出，当 COS/CS_2 为 40:1 时，催化剂的工作硫容最大，为 56.42mg(S)/g，随着进口浓度比的不断减小，催化剂的工作硫容随之下降。造成以上现象的原因可能是，CS_2 的催化水解可能是反应的控制步骤，而 COS 又是 CS_2 的水解中间产物，更高浓度的 CS_2 会产生更多的 COS，

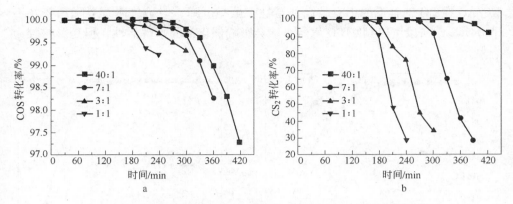

图 4 – 16　进口浓度比对 COS 和 CS$_2$ 同时催化水解活性的影响

a—COS 转化率；b—CS$_2$ 转化率

（RH：49%；空速：18000/h；反应温度：50℃；O$_2$：0.5%）

导致催化水解活性下降。由于总浓度恒定，增加 CS$_2$ 的浓度，意味增加了 S 的初始含量，催化剂水解生成的 H$_2$S 会增多，而在有氧条件下 H$_2$S 氧化所生成的硫酸盐也会相应增多。另外，CS$_2$ 浓度较高时，其水解中间产物 COS 以某种形态附着在催化剂表面，堵塞催化剂孔道，导致催化水解活性快速的下降。本书将在第 7 章的机理分析中对此进行详尽的讨论。

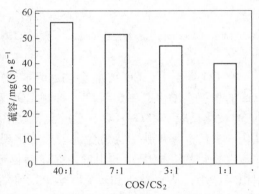

图 4 – 17　进口浓度比对催化剂硫容的影响

4.2.6　CO、H$_2$S 气氛对 COS、CS$_2$ 同时催化水解活性的影响

4.2.6.1　CO 气氛对 COS、CS$_2$ 同时催化水解活性的影响

黄磷尾气中的 CO 是其主要成分之一，且其含量较多，约为 85% ~ 95% 左右，因此实验中必须考虑催化剂在 CO 气氛下的活性特征，实验中将 CO 代替 N$_2$ 作为载气，考察了 Fe – Cu – Ni/MCSAC 催化剂同时催化水解 COS 和 CS$_2$ 的活性。如图 4 – 18 所示，催化剂 Fe – Cu – Ni/MCSAC 在 CO 气氛下的 COS 和 CS$_2$ 催化水解活性均低于 N$_2$ 气氛下的活性，在 N$_2$ 气氛下，100% 的 COS 转化率和 100% 的 CS$_2$ 转化率分别维持 240min 和 330min；而在 CO 气氛下，100% 的 COS 转化率和 100% 的 CS$_2$ 转化率分别维持 180min 和 240min。尽管如此，催化剂 Fe – Cu – Ni/

MCSAC 在 CO 气氛下的仍有较高的活性，虽有下降，但是总体看下降趋势并不十分明显，所以可以判断 CO 气氛虽然会影响催化剂的水解活性，但是影响较为有限。

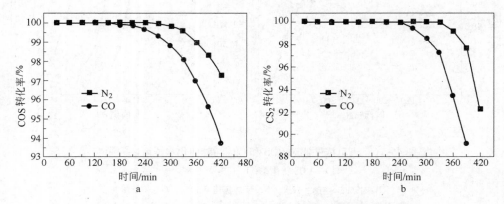

图 4 – 18　CO 气氛对 COS 和 CS$_2$ 同时催化水解活性的影响

a—COS 转化率；b—CS$_2$ 转化率

（COS 浓度：980mg/m^3；CS$_2$ 浓度：46mg/m^3；空速：18000/h；反应温度：50℃；RH：49%；O$_2$：0.5%）

在 CO 气氛下，CO 可能会与水解产物 H$_2$S 反应生成 COS，反应过程中的 COS 的量就会增多，一定程度上抑制 COS 和 CS$_2$ 水解反应的进行。另外，由于 CO 的歧化反应（2CO→CO$_2$ + C）会导致积炭，从而堵塞催化剂孔隙结构，导致催化剂失活速率加快。为避免此现象的出现，在催化剂的制备过程中可以适当增加碱性氧化物（KOH）的用量，提高催化剂表面碱性基团的数量，使催化剂抑制积炭作用，从而提高 COS 和 CS$_2$ 的水解活性。另有文献报道，黄磷尾气中的 CO 分子容易被过渡金属吸附，实验中的催化剂含有 Fe、Cu 和 Ni 过渡金属，虽然 CO 分子较为稳定，但当 CO 被吸附后，这些过渡金属会与 CO 形成 M＝C＝O 结构，可将 CO 活化，从而引起催化剂活性的下降。

4.2.6.2　H$_2$S 气氛对 COS、CS$_2$ 同时催化水解活性的影响

在黄磷尾气中，H$_2$S 也是与 COS 和 CS$_2$ 共同存在的，与此同时，COS 和 CS$_2$ 的水解产物也正是 H$_2$S，所以实验有必要考察 H$_2$S 气体对催化剂同时催化水解 COS 和 CS$_2$ 活性的影响。实验中考察了不同 H$_2$S 浓度对 Fe – Cu – Ni/MCSAC 催化剂同时催化水解 COS 和 CS$_2$ 的活性影响。如图 4 – 19 所示，当 H$_2$S 气体引入到反应体系中，催化剂的水解活性有所下降，并且随着 H$_2$S 浓度的增加，COS 和 CS$_2$ 的脱除效率下降越为明显，但是当 H$_2$S 的浓度较小时（70mg/m^3），催化剂的催化水解活性下降趋势较小，100% 的 COS 转化率和 100% 的 CS$_2$ 转化率分别维持 150min 和 270min，而没有 H$_2$S 加入时，100% 的 COS 转化率和 100% 的

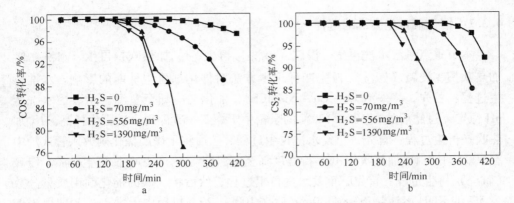

图 4-19 H$_2$S 气氛对 COS 和 CS$_2$ 同时催化水解活性的影响

a—COS 转化率；b—CS$_2$ 转化率

（COS 浓度：980mg/m^3；CS$_2$ 浓度：46mg/m^3；空速：18000/h；反应温度：50℃；RH：49%；O$_2$：0.5%）

CS$_2$ 转化率分别维持 240min 和 330min。

与此同时，随着 H$_2$S 的浓度不断升高，催化剂同时催化水解 COS 和 CS$_2$ 的活性也随之降低，这是因为，过多的 H$_2$S 引入会使催化剂表面的孔道堵塞，且 H$_2$S 的引入也就增加了 COS 和 CS$_2$ 的水解产物，在有氧条件下会使催化剂表面更容易生成硫酸盐物种，导致催化剂的快速中毒。但是低浓度的 H$_2$S 会被吸附在催化剂表面，生成硫酸盐的量也较少，对催化剂的活性影响不明显。以上实验说明 Fe – Cu – Ni/MCSAC 催化剂对 H$_2$S 具有一定的吸附转化能力，从实验可以看出以微波椰壳活性炭为载体制备的水解催化剂能同时脱除低浓度的 COS、CS$_2$ 和 H$_2$S。

4.3 催化剂再生实验研究

根据前面的研究可知，催化剂失活后，表面会生成单质硫和硫酸盐的混合物，堵塞催化剂的孔道，导致催化剂失活，并且随着反应的进行，催化剂的硫吸附容量也会逐渐达到饱和，因此有必要通过一系列再生手段恢复催化剂的活性。

Fe – Cu – Ni/MCAC 催化剂和 Fe – Cu – Ni/MCSAC 催化剂的失活原因基本相同，且微波椰壳活性炭的表面杂质元素较少，因此，本节中选用 Fe – Cu – Ni/MCSAC 催化剂进行再生实验的研究。其中新鲜 Fe – Cu – Ni/MCSAC 催化剂的制备方法同 5.1.1 小节中所述。实验中定义催化剂的失活是当 COS 和 CS$_2$ 的脱除率降到 80% 以下，即可停止反应，并对催化剂进行再生操作。本节重点考察水洗再生、N$_2$ 加热吹扫再生、浸碱（碱洗）再生、水洗 + N$_2$ 加热吹扫 + 浸碱（碱洗）再生四种再生方法对催化剂再生性能的影响。

4.3.1 催化剂再生方法的选择

本节重点考察水洗再生、浸碱（碱洗）再生、N_2 加热吹扫再生、水洗 + N_2 加热吹扫 + 浸碱（碱洗）再生四种再生方法对催化剂再生性能的影响。水洗再生过程：首先，将失活 Fe – Cu – Ni/MCSAC 催化剂冷却至室温，用蒸馏水洗至 pH 恒定，过滤后放在 100 ~ 120℃ 的烘箱中干燥 3 ~ 5h 即得水洗再生样品。N_2 加热吹扫再生过程：首先，重复水洗再生过程，然后将干燥的催化剂放入管式炉中在 300℃ 下用 N_2 加热吹扫 3h，待温度降至室温即得 N_2 加热吹扫再生样品。浸碱（碱洗）再生过程：首先，重复水洗再生过程，然后将干燥的催化剂用质量分数为 5% 的 KOH 溶液超声浸渍 30min 后在 100 ~ 120℃ 烘箱中干燥 3 ~ 5h 即得浸碱（碱洗）再生样品。水洗 + N_2 加热吹扫 + 浸碱（碱洗）再生过程：先重复水洗过程，然后 300℃ 下 N_2 加热吹扫 3h，再将催化剂用质量分数为 5% 的 KOH 溶液超声浸渍 30min，最后在 100 ~ 120℃ 烘箱中干燥 3 ~ 5h 即得水洗 + N_2 加热吹扫 + 浸碱（碱洗）再生样品。

不同的再生方式对 Fe – Cu – Ni/MCSAC 催化剂同时催化水解 COS 和 CS_2 的活性恢复影响如图 4 – 20 所示，从图中可以看出，与新鲜催化剂相比，这四种再生方式所得的催化剂活性均有所下降，其中水洗再生的效果最差，这是因为，虽然水洗再生方法可以使催化剂表面的一些硫酸盐洗掉，但是水洗并不能将这些物种全部（或大部分）洗掉，大量的单质硫和硫酸盐物种仍然附着在催化剂表面，与此同时，水洗还能将催化剂表面大量的碱性基团洗掉，这也是不利于催化剂活性恢复的。

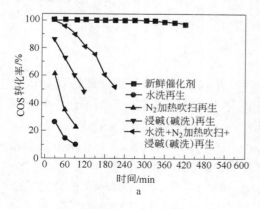
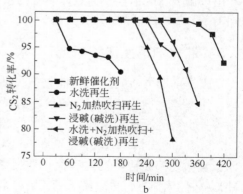

图 4 – 20   再生方法对 Fe – Cu – Ni/MCSAC 催化剂同时催化水解 COS 和 CS_2 活性的影响

a—COS 转化率；b—CS_2 转化率

（COS 浓度：980mg/m³；CS_2 浓度：46mg/m³；RH：49%；空速：18000/h，反应温度：50℃；O_2：0.5%）

相比水洗再生，N_2加热吹扫再生方法所得的催化剂的活性有所提高，经过分析，造成这种现象的原因可能是，经过N_2加热吹扫后，催化剂表面上的部分硫酸盐和亚硫酸盐物种会分解为SO_2气体脱除，催化剂表面的S相应减少，为COS和CS_2的催化水解反应提供了部分孔道和活性位，与此同时，由于这种方式仅仅使部分的硫酸盐和亚硫酸盐得以分解，且吹扫温度过低，很多硫酸盐或者亚硫酸盐并未完全分解，而且大部分碱性基团已经参与反应或者被水洗掉，再生过程中也没有引入碱性基团，所以催化剂的活性没有完全恢复。

为了验证碱性基团的作用，实验对失活催化剂进行了浸碱（碱洗）再生，此方法所得的催化剂的水解效率优于N_2加热吹扫方法，这是因为，经过水洗后，催化剂表面部分硫酸盐和碱性基团被洗掉，再经过碱洗过程，重新负载上一定量的碱性基团，所以催化剂活性有一定程度的提高。且前文中分析所述，碱性基团是提高催化剂催化水解COS和CS_2活性的重要因素之一，所以增加碱性基团的作用要比分解硫酸盐的作用明显。但催化剂脱除COS和CS_2的活性仍然明显低于新鲜催化剂，特别是对COS的脱除率而言，催化剂的活性恢复仍不理想，这是因为，虽然碱洗过程为催化剂提供了一定量的碱性基团，但是这些碱性基团的含量有限，与此同时，大部分的硫酸盐物种可能仍然存在于催化剂表面的孔道中，无法使催化剂的活性得以有效地提高。

在此基础上，实验考察了水洗+N_2加热吹扫+浸碱再生方法所得催化剂的催化水解活性，从图中看出，此方法的再生效果最佳，100%的CS_2转化率甚至可以维持300min，而在120min内，COS的转化率也能维持在80%以上。这是因为，水洗将催化剂表面少量的硫酸盐和单质硫洗去，N_2加热吹扫使部分硫酸盐和亚硫酸盐分解生成SO_2气体脱除，浸碱可以提供水解反应所需的碱性基团，在这种再生方式下所得的催化剂活性恢复最为明显。然而，由于N_2吹扫温度只有300℃，大部分硫酸盐物种并没有完全分解（例如硫酸铁和亚硫酸铁的分解温度在450~500℃左右），且KOH浓度仅为5%，并没有提供充足的碱性基团（新鲜催化剂制备中的KOH质量分数为13%），故催化剂活性并未完全恢复。在后续实验中，将针对这一再生方式做进一步的研究。

4.3.2 不同N_2吹扫温度对催化剂活性的影响

上面提到，N_2加热吹扫可以将失活催化剂表面的部分硫酸盐和亚硫酸盐分解成SO_2，使催化剂表面的硫酸盐含量减少，活性组分增多，而不同温度下硫酸盐的分解情况是不同的，所以有必要考察"水洗+N_2加热吹扫+浸碱再生"过程中不同的N_2吹扫温度对催化剂活性的影响规律。实验中分别考察了200℃、300℃、400℃、500℃和600℃下N_2吹扫后超声浸渍5%KOH溶液所得催化剂的催化水解活性。

如图 4 – 21 所示。当吹扫温度只有 200℃时，催化剂的活性恢复情况并不理想，这是因为，在 200℃时，大部分硫酸盐或亚硫酸盐并不能发生分解反应，虽然 $CuSO_4$ 的分解温度为 185℃左右，但 Cu 本身的负载量就很少，硫酸铜的生成量相对很少，所以即使在 200℃下硫酸铜有所分解，对催化剂的活性恢复也起不到明显的改善。随着吹扫温度的升高，催化剂的水解活性逐渐提高，当吹扫温度达到 400℃时，CS_2 的催化水解活性基本上已经和新鲜催化剂相当，而 COS 的转化率也有了明显的提高，而当吹扫温度继续上升到 500℃时，虽然 CS_2 的转化率有所下降，但是和新鲜催化剂相差不大，与此同时，COS 的转化率也继续上升并接近于新鲜催化剂的效果。

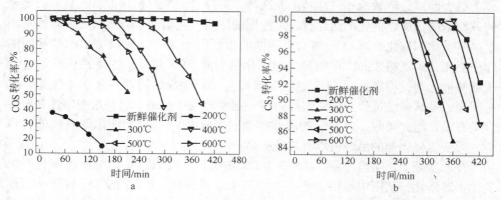

图 4 – 21   吹扫温度对 Fe – Cu – Ni/MCSAC 催化剂同时催化水解 COS 和 CS_2 活性的影响
a—COS 转化率；b—CS_2 转化率

（COS 浓度：980mg/m³；CS_2 浓度：46mg/m³；RH：49%；空速：18000/h；反应温度：50℃；O_2：0.5%）

这是因为新鲜催化剂表面的活性组分大部分是 Fe_2O_3，失活样表面可能会是硫酸铁或者硫酸亚铁占大多数，而硫酸铁和硫酸亚铁的分解温度在 450 ~ 500℃左右，所以在 400 ~ 500℃下吹扫后，催化剂表面占据大多数的硫酸铁和硫酸亚铁会发生分解反应生成氧化铁，而氧化铁正是新鲜催化剂主要活性组分之一，这就不难理解为什么在 400 ~ 500℃下吹扫后的催化剂活性恢复较为明显了。然而，随着焙烧温度持续升高，COS 和 CS_2 的转化率都有不同程度的降低，这是因为，在高温下催化剂容易烧结使孔坍塌，导致其比表面积下降，微孔减少，尽管更高的吹扫温度有利于硫酸镍的分解（硫酸镍的分解温度在 840℃左右），但是本身氧化镍的含量就很少，所以硫酸镍也不会有太多，其分解的有利作用要远远低于催化剂烧结的抑制作用，所以随着吹扫温度的继续升高，催化剂的活性没有恢复反而下降。由于 500℃下 CS_2 的水解效率与 400℃下的 CS_2 水解效率差别不大，而 500℃下 COS 的水解效率明显优于 400℃下 COS 的水解效率，故后续实验选择

500℃的吹扫温度。

　　实验中采用 XRD 表征手段对不同吹扫温度下再生所得的催化剂进行了分析。如图 4－22 所示，由于碳材料是非晶性的，它的背景峰很强，而金属氧化物的含量又远远低于碳的含量，所以氧化物的形态和含量变化不是很明显。然而，由于加热吹扫是在 N_2 的环境下，所以催化剂表面发生更多的可能是分解反应。在 500℃的吹扫温度下，催化剂上较强的衍射

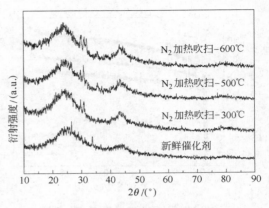

图 4－22　不同吹扫温度下再生所得催化剂 XRD 谱图

峰峰值出现在 $2\theta = 30.69°$，$35.49°$，$43.28°$ 和 $62.75°$，与标准谱图库对比，可知这些是 Fe_2O_3 的特征峰，这说明失活催化剂经过 N_2 加热吹扫后，表面有 Fe_2O_3 的生成。但是在相对较低的吹扫温度下硫酸铁或者硫酸亚铁很难分解成 Fe_2O_3。随着吹扫温度上升到 600℃，Fe_2O_3 的衍射峰也相应减弱，并且出现了少量的 Fe_3O_4 的衍射峰，这就导致了催化剂表面的活性组分减少，催化剂的活性降低，与此同时，吹扫温度较高时，活性炭会烧失，造成比表面积下降，部分的 Fe_2O_3 晶体也会存在烧结现象，活性炭的孔结构也会坍塌，表面活性位大量减少，导致催化水解效率下降。

　　为了进一步分析不同 N_2 吹扫温度对催化剂再生效果的影响，实验对不同吹扫温度下所得催化剂比表面积和孔结构进行了分析。如表 4－2 所示，当吹扫温度为 500℃时，催化剂的比表面积（795m^2/g）、总孔体积（0.415cm^3/g）、微孔体积（0.331cm^3/g）均大于 300℃和 600℃下 N_2 吹扫后所得的催化剂。图 4－23 是三种催化剂的 N_2 吸附等温线，从图中可以看出三种催化剂的 N_2 吸附等温线都是属于按 IUPAC 的 I 型等温线，说明这些催化剂微孔占主导，且微孔分布较为集中。同时，500℃下吹扫所得的催化剂的吸附等温线的累积吸附量要比 300℃和 600℃下吹扫所得催化剂的大。图 4－24 的孔径分布图验证了这一点。

表 4－2　不同吹扫温度下再生所得催化剂的物性参数

样品名称	比表面积/$m^2 \cdot g^{-1}$	总孔体积/$cm^3 \cdot g^{-1}$	微孔体积/$cm^3 \cdot g^{-1}$	平均孔径/nm
300℃	586	0.291	0.236	1.98
500℃	795	0.415	0.331	2.088
600℃	689	0.331	0.279	1.918

　　从图 4－24a 中可以明显看出，两种催化剂的孔分布均小于 10.0nm，大部分

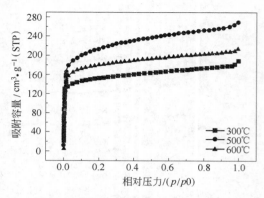

图 4－23   不同吹扫温度下再生所得
催化剂的 N_2 吸附等温线

小于 5.0nm，这也进一步验证了对于这两种样品 N_2 吸附等温线特点的判断。对于 500℃ 下吹扫后所得催化剂来说，在 3.5～4.0nm 的范围内，具有较多的介孔分布。图 4－24b 给出了两个催化剂更小范围的微孔分布（小于 2nm），从图中可以看出，相比另外两种催化剂，500℃ 下吹扫所得催化剂在 0.5～1.8nm 范围内具有更多的微孔分布。而 600℃ 下吹扫所得催化剂在 0.3～0.5nm 范围内具有较多的微孔分布。

300℃ 下吹扫所得的催化剂微孔分布最少。这些结果说明，比表面积和微孔的恢复在 500℃ 下吹扫较为明显（0.5～1.8nm 和 3.5～4.0nm 范围内的孔分布），这对 COS 和 CS_2 的同时催化水解活性的恢复起到了主要作用之一。

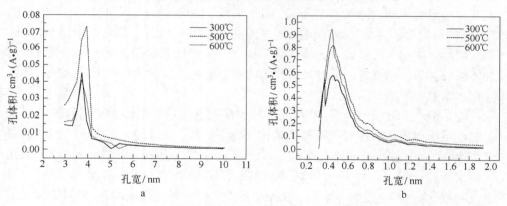

图 4－24   不同吹扫温度下再生所得催化剂的孔径分布图
a—3～10nm 范围分布；b—<2.0nm 范围分布

4.3.3 不同 KOH 含量对催化剂活性的影响

从上文的分析中可知，水洗＋N_2 加热吹扫＋浸碱（碱洗）再生方法中，浸碱（碱洗）这一步至关重要，由于前面的水洗和加热吹扫会将失活催化剂表面残留的碱性基团去除，不利于催化剂催化水解活性的恢复，所以重新浸碱过程变得尤为重要。因此有必要对不同 KOH 含量的影响进行系统的考察和分析。

这里需要强调一点，在新鲜催化剂的制备过程中，负载的 KOH 质量分数为

13%，在水解反应过程中，KOH 有部分的损耗，而残余的碱性基团在再生的前两部分中再次被损耗，此时，催化剂表面的碱性基团会大量减少，由此推测，浸渍质量分数为 13% 左右的 KOH 可能会使催化剂的活性得以更好的恢复。如图 4－25 所示，浸渍不同浓度的 KOH 对催化剂的活性都有不同程度的提高，当 KOH 的质量分数为 5% 时，100% 的 COS 转化率和 100% 的 CS_2 转化率分别维持了 210min 和 300min，随着 KOH 含量的升高，失活催化剂的活性也逐渐恢复，当 KOH 的含量增加到 13% 时，催化剂的活性最接近于新鲜催化剂，100% 的 COS 转化率和 100% 的 CS_2 转化率分别维持了 270min 和 330min，而新鲜催化剂的 KOH 负载量也恰好是 13%。但是随着 KOH 含量继续增加，催化剂的水解活性则有所下降，在这组实验中，负载 20% KOH 的催化剂活性是最差的。这是因为过多的碱含量会堵塞催化剂的孔道，抑制催化水解反应的发生。以上实验说明浸碱确实有利于催化剂活性恢复，而且最佳的浸碱浓度也和新鲜样品制备过程中的浸碱浓度相同。

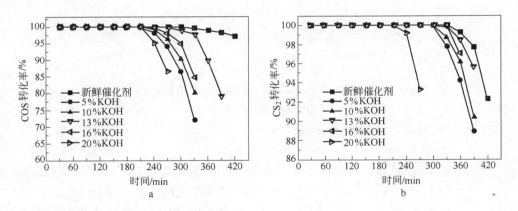

图 4－25　KOH 含量对 Fe－Cu－Ni/MCSAC 催化剂同时催化水解 COS 和 CS_2 活性的影响

a—COS 转化率；b—CS_2 转化率

（COS 浓度：980mg/m³；CS_2 浓度：46mg/m³；RH：49%；空速：18000/h；反应温度：50℃；O_2：0.5%）

　　从图中可以看出，虽然通过"水洗＋N_2 加热吹扫（500℃）＋浸碱（13% KOH）"所得的催化剂催化水解活性最接近于新鲜催化剂，但是仍然没有完全恢复到最初的活性，这可能是因为，部分少量硫酸盐的分解温度过高，催化剂表面仍然残留有少量的硫酸盐，同时在再生过程中可能会生成其他少量的杂质，抑制了催化剂水解反应的进行，但是此种再生方法所得的催化剂同时催化水解 COS 和 CS_2 的活性已经十分接近新鲜样品的活性，所以本书认为这种再生方式有利于失活催化剂的活性恢复。

4.3.4 再生次数对催化剂活性的影响

本节中为了研究"水洗＋N_2加热吹扫（500℃）＋浸碱（碱洗）"这种再生方法的稳定性，实验考察了再生次数对催化活性的影响。如图4-26所示，此种方法再生所得的催化剂活性整体较新鲜催化剂略有下降，且随着再生次数的增加，催化剂的活性也逐渐下降，但是，再生三次后的催化剂100%的COS转化率和100%的CS_2转化率也能维持150min和300min。

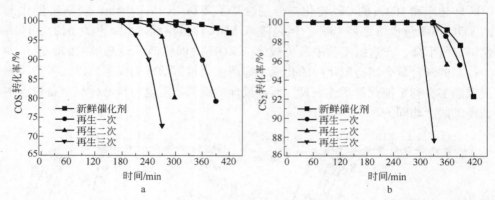

图4-26   再生次数对Fe-Cu-Ni/MCSAC催化剂同时催化水解COS和CS_2活性的影响

a—COS转化率；b—CS_2转化率

（COS浓度：980mg/m³；CS_2浓度：46mg/m³；RH：49%；空速：18000/h；反应温度：50℃；O_2：0.5%）

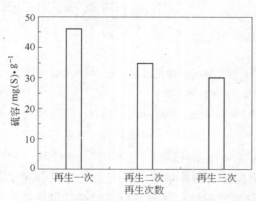

图4-27   不同的再生次数对催化剂硫容的影响

图4-27是催化剂的硫容随空速的变化柱状图，随着反应的进行，当COS和CS_2的转化率分别低于90%的时候，认为催化剂失活，此时催化剂的硫容为工作硫容。从图中可以看出，再生一次催化剂的硫容为45.99mg(S)/g，随着再生次数的升高，催化剂的工作硫容也随之降低，二次再生后，催化剂的工作硫容为34.87mg(S)/g，对比一次再生样，工作硫容降低了11mg(S)/g左右。而再生三次催化剂的工作硫容则降低到了30.12mg(S)/g。但是即使是再生三次的催化剂，其工作硫容仍然可以维持在30mg(S)/g以上。从图4-26和图4-27中再生三次的实验结果看，该再生方法对失活改性微波椰壳活性炭催化

剂的处理是可行的，再生次数对催化剂活性的影响相对不大，此种再生方法具有良好的稳定性。

4.3.5　水洗 + N_2 加热吹扫 + 浸碱（碱洗）再生机理的研究

为了进一步分析并推断水洗 + N_2 加热吹扫 + 浸碱（碱洗）再生方法的机理，实验中对新鲜催化剂、失活催化剂、再生后催化剂以及再生三次后的催化剂进行了 XPS、TG – DTA、BET 等表征测试，通过表征结果来分析推导这种再生方法的过程和机理。

首先，利用 XPS 表征手段可以观察到催化剂新鲜样、失活样和再生样表面元素的组成和不同结合能对应物种的变化。表 4 – 3 列出了三个催化剂样品各个元素的原子百分含量变化，从表中可以看出，新鲜催化剂表面有微量的 S 元素存在，这可能是催化剂载体自身所带的 S，但是 S 的量很少，仅有 0.406%，而从表中能够明显地观察到，失活催化剂表面的 S 元素较新鲜催化剂相比明显增多了，从 0.406% 升高到 3.104%，这说明催化剂失活后确实有 S 元素积累在催化剂的表面。而经过再生处理的催化剂表面仍然有 S 的存在，但其含量与失活催化剂相比则有所减少。这说明"水洗 + N_2 加热吹扫 + 浸碱（碱洗）"再生方法确实能够去除催化剂表面部分积累的 S。

表 4 – 3　不同条件下的 Fe – Cu – Ni/MCSAC 样品原子百分含量

样　品	C1s	N1s	O1s	S2p	Fe2p	Cu2p	Ni2p
新鲜催化剂	75.841	1.543	20.690	0.406	1.035	0.335	0.151
失活催化剂	74.179	1.210	20.315	3.104	0.79	0.146	0.257
再生一次催化剂	82.083	1.074	13.798	2.145	0.65	0.25	

根据推测，有氧条件下水解产物 H_2S 在催化剂表面氧化生成了硫酸盐和单质硫，且主要的硫酸盐很有可能是硫酸铁或者硫酸亚铁，再生过程可以使其分解成氧化铁，使催化剂的活性得以恢复，为了验证这一推论，实验对元素 S 和 Fe 进行了分峰拟合。

图 4 – 28 和表 4 – 4 分别给出了三个样品的局部扫描图和样品上 S 元素的化学形态。如表 4 – 4 所示，三种催化剂 S2p XPS 谱图一共出现五个不同谱峰，分别是 S 单质（164.08eV），RSOR（165.27eV），硫酸盐/SO_4^{2-}（168.44eV 和 169.63eV）及吸附态的 CS_2（170.06eV）。从数据得知，新鲜催化剂表面有少量硫酸盐的存在，这是活性炭载体自身所存在的。而失活催化剂的硫酸盐的量明显增多了，特别是 168.44eV 处的硫酸盐明显增多，而此处极有可能是 $Fe_2(SO_4)_3$ 或者 $FeSO_4$，而 169.63eV 处则是其他种类的硫酸盐杂质，失活后的催化剂中在此处的硫酸盐是不存在的，而存在吸附态的 CS_2 和硫单质，以及水解产物 H_2S

被氧化所得的中间产物 RSOR。经过再生处理的催化剂上没有发现 CS_2 的存在，这可能是因为 N_2 加热吹扫会使这些 CS_2 去除，与此同时，硫酸铁或者硫酸亚铁也会分解成氧化铁或者分解不完全，所以 164.08eV、165.27eV 和 169.63eV 的 S 有所上升，而 168.44eV 处的硫酸铁或者硫酸亚铁的含量则明显下降。

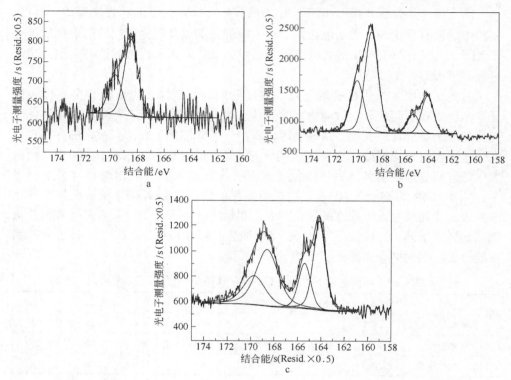

图 4 – 28   不同 Fe – Cu – Ni/MCSAC 样品的 S2p XPS 谱图
a—新鲜样；b—失活样；c—再生一次样

表 4 – 4   不同条件下的 Fe – Cu – Ni/MCSAC 样品不同 S 物种的相对原子分数

样 品	S2p（原子分数）/%				
	164.08/eV	165.27/eV	168.44/eV	169.63/eV	170.06/eV
新鲜催化剂	—	—	0.20	0.20	—
失活催化剂	0.38	0.38	1.18	—	1.17
再生一次催化剂	0.49	0.49	0.58	0.58	—

为了进一步验证硫酸铁或者硫酸亚铁的变化趋势，实验针对 Fe 元素进行了 XPS 分峰拟合，如表 4 –5 和图 4 –29 所示，三种催化剂 Fe2p XPS 谱图一共出现四个不同的谱峰，分别是硫酸亚铁/铁的硫酸盐（711.26eV），Fe_2O_3/Fe_3O_4

（715.75eV），伴峰（724.47eV），伴峰（727.55eV）。从数据中可以看出，失活后的催化剂表面的硫酸亚铁/铁的硫酸盐含量明显增多了，而 Fe_2O_3/Fe_3O_4 的含量则有所下降，而经过再生处理后的催化剂上硫酸亚铁/铁的硫酸盐的含量明显降低，Fe_2O_3/Fe_3O_4 的含量则有所上升，这说明失活后的催化剂表面确实生成了硫酸亚铁和铁的硫酸盐物种，并且经过再生处理后，催化剂上的硫酸盐分解生成了铁的氧化物，所以催化剂的活性得以恢复，这也进一步验证了关于再生过程的推论。

表 4 – 5　不同条件下的 Fe – Cu – Ni/MCSAC 样品不同 Fe 物种的相对百分含量

样　品	Fe2p（原子分数）/%			
	711.26eV	715.75eV	724.47eV	727.55eV
新鲜催化剂	0.39	0.12	0.41	0.12
失活催化剂	0.42	0.03	0.29	0.04
再生一次催化剂	0.25	0.07	0.25	0.07

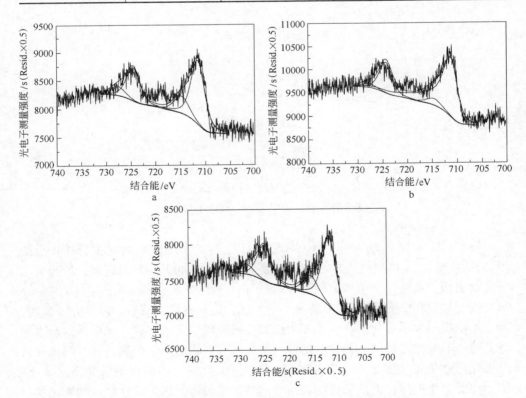

图 4 – 29　不同 Fe – Cu – Ni/MCSAC 样品的 Fe2p XPS 谱图
a—新鲜样；b—失活样；c—再生一次样

为了确定吹扫温度对催化剂表面物种变化的影响，实验分别对失活 Fe – Cu – Ni/MCSAC 催化剂（未水洗）和失活 Fe – Cu – Ni/MCSAC 催化剂（水洗后）进行了热重分析。由图 4 – 30 所示，TG 和 DTA 曲线对应良好，第一阶段失重主要发生在 300 ~ 350℃之间，这时分解的物质应该是少量的单质 S 或者硫化物（比如 FeS 或者 FeS$_2$ 等）。第二阶段失重主要发生在 400 ~ 450℃附近，失活催化剂表面的硫酸铁和亚硫酸铁被分解破坏，导致催化剂表面生成了 Fe 的混合氧化物。第三阶段失重在 750℃附近，这可能是少量混合型的硫酸盐或者 H$_2$S 氧化反应的中间产物进行了分解反应，导致催化剂失重。而最后一个阶段则是在 850 ~ 900℃范围内，此阶段可能是硫酸镍发生了分解反应。这表明失活催化剂表面确实生成了硫单质和多种硫酸盐的混合物，由于失活催化剂没有进行水洗处理，所以催化剂的失重阶段也较多。

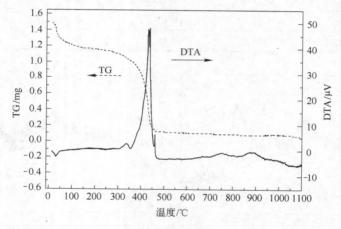

图 4 – 30   N$_2$ 加热吹扫前失活 Fe – Cu – Ni/MCSAC
催化剂的 TG – DTA 曲线（未经过水洗）

图 4 – 31 为失活 Fe – Cu – Ni/MCSAC 催化剂（水洗后）的热重分析。由图可知，TG 和 DTA 曲线对应良好，且失重主要发生在 400 ~ 450℃之间，这时失活催化剂表面的硫酸铁和硫酸亚铁被分解破坏，导致催化剂表面生成了 Fe 的混合氧化物。从 500℃开始 TG 几乎就是一条直线，失重现象不明显。以上分析表明，经过水洗后的失活催化剂表面主要为硫酸铁或者硫酸亚铁存在，硫单质以及少量的其他硫酸盐或者亚硫酸盐被水洗掉，所以其分解状态并不明显。并且热重分析与催化活性是相互吻合的，在 400 ~ 500℃下 N$_2$ 吹扫后的催化剂活性恢复最佳，因为在此温度范围，失活催化剂表面的硫酸盐被分解为作为活性物质的氧化物。

为了进一步分析再生次数对催化剂活性恢复差异的原因，实验中对不同再生次数下所得催化剂的比表面积和孔结构进行了分析，并与新鲜样和失活样的数据

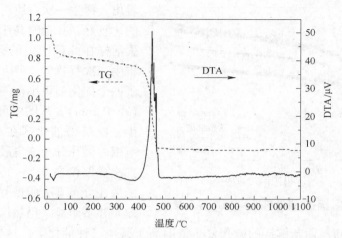

图 4 – 31 N_2 加热吹扫前失活 Fe – Cu – Ni/MCSAC
催化剂的 TG – DTA 曲线（经过水洗）

加以对比。如表 4 – 6 所示，再生一次后催化剂的比表面积（795 m^2/g）、总孔体积（0.415 cm^3/g）、微孔体积（0.331 cm^3/g）与新鲜样的数据相差不大，十分接近。而再生三次后所得的催化剂比表面积、总孔体积和微孔体积都有不同程度的降低，均小于新鲜样和再生一次样。图 4 – 32 是四种催化剂的 N_2 吸附等温线，从图中可以看出四种催化剂的 N_2 吸附等温都是属于按 IUPAC 的 I 型等温线，说明这些催化剂中微孔占主导，且微孔分布较为集中，仅仅有少量的介孔和大孔存在。与此同时，新鲜样和再生一次样的吸附等温线的累积吸附量相差不大，但是均比再生三次后所得催化剂的大。失活样品的 N_2 吸附等温线的累积吸附量最小。

表 4 – 6   不同催化剂的物性参数

样品名称	比表面积/$m^2 \cdot g^{-1}$	总孔体积/$cm^3 \cdot g^{-1}$	微孔体积/$cm^3 \cdot g^{-1}$	平均孔径/nm
新鲜样	802	0.397	0.330	1.979
失活样	560	0.279	0.225	1.993
再生一次样	795	0.415	0.331	2.088
再生三次样	694	0.341	0.283	1.964

图 4 – 33 的孔径分布数据验证了这一点，从图 4 – 33a 中可以明显看出，四种催化剂的孔分布均小于 10.0nm，大部分小于 5.0nm，这也进一步验证了对于这四种样品 N_2 吸附等温线特点的判断。在 3.5 ~ 4.0nm 范围内的孔分布中可以

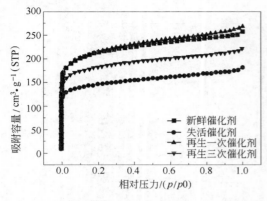

图 4-32   不同催化剂的 N_2 吸附等温线

看出，再生一次后所得催化剂恢复的比较好，甚至略高于新鲜样，而失活样在此范围内的孔分布最少，再生三次样次之。图 4-33b 给出了四个催化剂更小范围的微孔分布（小于 2nm），从图中可以看出，再生一次所得催化剂在 0.3~1.8nm 范围内微孔分布恢复较好。而再生三次样仅仅在 0.5~1.8nm 范围内的微孔分布下有所恢复，但是恢复效果并不明显，仍然低于再生一次样的微孔分布。而新鲜样的微孔分布依旧高于其他三种催化剂。这些结果说明，经过再生次数的增加，比表面积和部分微孔以及介孔的（0.3~1.8nm 和 3.5~4.0nm 范围内的孔分布）恢复也受到限制，较高的比表面积和较多的微/介孔恢复对 COS 和 CS_2 的同时催化水解起到了一定的作用。

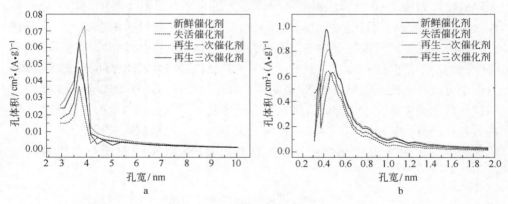

a

b

图 4-33   不同催化剂的孔径分布图
a—3~10nm 范围分布；b—<2.0nm 范围分布

4.4   本章小结

（1）实验对比了空白 MCAC 和空白 MCSAC 载体同时催化水解 COS 和 CS_2 的活性效果，结果表明，空白微波椰壳活性炭活性较高。与此同时，采用第 4 章筛选出的最优活性组分和最佳制备条件，仅改变催化剂载体，分别制备出 Fe-Cu-Ni/MCAC 和 Fe-Cu-Ni/MCSAC 两种催化剂，对比了二者的活性，结果表面，Fe-Cu-Ni/MCSAC 同时催化水解活性较高。二者的工作硫容分别为

38.54mg(S)/g 和 56.77mg(S)/g。表征结果显示，较高的比表面积和较多的微/介孔（$0.3 \sim 1.2\text{nm}$ 和 $3.5 \sim 4.0\text{nm}$ 范围内分布的孔）对 COS 和 CS_2 的同时催化水解起到了主要作用；$Fe - Cu - Ni/MCAC$ 催化剂的制备过程中更易生成混合硫酸盐 $K_3Na(SO_4)_2$，不利于催化水解反应的发生。

（2）实验考察了反应温度、相对湿度、O_2 含量、空速、进口浓度比等工艺条件对同时催化水解 COS 和 CS_2 的影响。实验得到以下结论：随着反应温度的升高，催化剂的工作硫容逐渐增加，但是当反应温度超过 50℃ 时，催化剂的硫容增加幅度并不明显；当相对湿度为 32% 时，催化剂的工作硫容最大，随着相对湿度的不断增加，催化剂的工作硫容随之下降，在 17% ~49% 的相对湿度范围内，催化剂的硫容维持在 60mg(S)/g 左右，是比较理想的相对湿度范围；当氧含量为 0% 时，催化剂的工作硫容最大，随着氧含量的不断增加，催化剂的工作硫容随之下降，但是催化剂能够比较适应有少量氧的条件；催化剂的硫容是随空速的增大，呈先增大后减小的趋势，在 8000 ~20000/h 空速范围内，催化剂的硫容变化幅度并不是十分明显，这说明 $Fe - Cu - Ni/MCSAC$ 催化剂在这个空速范围内是较为稳定的；当 COS/CS_2 为 40：1 时，催化剂的工作硫容最大，随着进口浓度比的不断减小，催化剂的工作硫容随之下降。

（3）实验中将 CO 代替 N_2 作为载气，考察了 $Fe - Cu - Ni/MCSAC$ 催化剂同时催化水解 COS 和 CS_2 的活性，结果显示，催化剂 $Fe - Cu - Ni/MCSAC$ 在 CO 气氛下的 COS 和 CS_2 催化水解活性均低于 N_2 气氛下的活性，但是总体看下降趋势并不十分明显，所以可以判断 CO 气氛虽然会影响催化剂的水解活性，但是影响较为有限。与此同时，实验中考察了不同 H_2S 浓度对 $Fe - Cu - Ni/MCSAC$ 催化剂同时催化水解 COS 和 CS_2 的活性影响。结果表明，当 H_2S 气体引入到反应体系中，催化剂的水解活性有所下降，并且随着 H_2S 浓度的增加，COS 和 CS_2 的脱除效率下降越为明显，但是低浓度的 H_2S 对 COS 和 CS_2 同时催化水解反应影响较小。

（4）实验对失活 $Fe - Cu - Ni/MCSAC$ 催化剂的再生进行了较为系统的研究，研究表明，水洗 + N_2 加热吹扫 + 浸碱（碱洗）再生方法的再生效果是最佳的，其中 N_2 加热吹扫条件为 500℃ 下吹扫 3h，浸渍 KOH 质量分数为 13%。实验通过 BET、XPS、XRD、TG - DTA 等表征手段对这种再生过程进行了分析，分析表明，这种再生方法的过程为：首先，通过对失活催化剂的水洗将催化剂表面少量的硫酸盐和单质硫洗去，N_2 加热吹扫可以使部分硫酸盐和亚硫酸盐分解生成 SO_2 气体脱除，使催化剂表面恢复活性组分 Fe_2O_3 的形式，浸渍 KOH 溶液为水解反应提供所需的碱性基团，在这种再生方式下所得的催化剂最接近于新鲜催化剂，所以其活性恢复最为明显。

（5）实验研究了上述再生方法所得催化剂的稳定性，考察了再生次数对催化水解活性的影响。研究表明，随着再生次数的增加，催化剂的活性也逐渐下降，但是其影响是有限的，随着再生次数的升高，催化剂的工作硫容也随之降低，但是即使是再生三次后的催化剂，其工作硫容仍然可以维持在 $30mg(S)/g$ 以上。由此可知，该再生方法对 Fe – Cu – Ni/MCSAC 催化剂同时催化水解 COS 和 CS_2 失活后的处理是可行的，此种再生方法具有较好的稳定性。

5 COS、CS$_2$ 同时催化水解反应动力学研究

在概述部分，对单独催化水解 COS 和 CS$_2$ 的反应动力学进行了详细的阐述，通过总结不难发现，大多数研究是针对氧化铝基、二氧化钛基以及市售活性炭为载体的催化剂单独催化水解 COS 和 CS$_2$ 的反应进行了动力学的研究和讨论。对于改性微波椰壳活性炭作为催化剂同时催化水解 COS 和 CS$_2$ 的反应动力学研究目前还是一个空白。

由前文推论可知，COS 和 CS$_2$ 在 Fe − Cu − Ni/MCSAC 催化剂上先水解成 H$_2$S，H$_2$S 再进一步被氧化，水解产物 H$_2$S 被氧化生成混合型的硫酸盐和少量的单质 S。与此同时，在 COS 和 CS$_2$ 同时催化水解过程中，COS 是 CS$_2$ 水解反应的中间产物，而 H$_2$S 是 COS 和 CS$_2$ 水解的最终产物，硫酸盐和单质硫是水解产物 H$_2$S 在有氧条件下被氧化所得的物质。本章对 COS 和 CS$_2$ 在 Fe − Cu − Ni/MCSAC 催化剂上的同时催化水解反应动力学进行了计算和分析。首先分别对反应过程中的 COS 和 CS$_2$ 的催化水解本征动力学进行了计算，得到 COS 和 CS$_2$ 催化水解动力学方程，再通过二者之间的关系和对反应过程的推断，对同时催化水解动力学方程进行了推导。

5.1 COS 和 CS$_2$ 催化水解反应动力学

5.1.1 动力学实验装置流程

在正式动力学实验之前，研究进行了对于反应器的空白实验。为了使取样具有瞬时性，动力学实验采用 ϕ3mm × 100mm 的玻璃管反应器，其实验装置与图 3 − 2 相同，实验表明，通入气流 15s 内反应器前后的浓度即可达到平衡。

5.1.2 动力学实验条件的选择

由于在实验过程中许多因素的干扰对反应动力学数据的准确获得是不利的，例如物理传输过程造成的外扩散和内扩散干扰等，因此，本节在进行反应动力学实验之前，必须排除这些干扰因素的影响。

5.1.2.1 外扩散影响的消除

气固相催化反应过程包括外扩散和表面反应，一般来说，气相主体中的气体

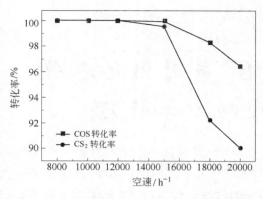

图 5 – 1   不同空速下 COS 和 CS$_2$ 的水解转化率

浓度、催化剂表面浓度和催化剂微孔内的浓度都是不同的，本征动力学速率往往首先要消除外扩散的影响，而较大的空速有利于降低气相主体的扩散阻力，因此实验需要选择一个合适的空速。图 5 – 1 给出了不同空速条件下 COS 和 CS$_2$ 的同时催化水解转化率。由图 5 – 1 所示，随着反应空速的增加，COS 和 CS$_2$ 的催化水解活性都是随之降低的，当空速小于 15000/h 时，COS 和 CS$_2$ 的转化率都能达到 100%，而当空速增加到 15000/h 时，COS 的转化率为 99.93%，CS$_2$ 的转化率为 99.55%。当空速增加到 20000/h 时，COS 和 CS$_2$ 的转化率则分别下降到了 96.5% 和 90.08% 左右。这个实验结果表明反应空速的大小对整个催化水解反应的外扩散有着比较显著的影响，当反应在比较大的空速下进行时才能消除外扩散对其的影响。

根据第 2 章的公式（2 – 3）对不同空速条件下的 COS 和 CS$_2$ 同时催化水解反应过程的平均反应速率 r_s 进行了计算。由图 5 – 2 可以看出，随着反应空速的增加，同时催化水解的平均反应速率 r_s 也随之增加，并随着空速的增加 r_s 趋于一个稳定值。当空速为 8000/h 时，反应的 r_s 为 0.00175mmol/（min·g），当反应空速增加到 10000/h 时，平均反应速率增加到 0.00222mmol/（min·g）。这说明，在较小的反应的空速下，同时催化水解反应的平均反应速率也比较低，外扩散的影响存在比较明显；而当空速为 18000/h 时，同时催化水解反应的平均反应速率增加到 0.00379mmol/（min·g），而随着空速继续增加，同时催化水解反应的平均反应速率增加趋势不再明显，当空速增加到 20000/h 时，同时催化水解反应的平均反应速率仅仅增加到 0.00398mmol/（min·g）。实验结果表明，当空速小于 15000/h，外扩散对反应的影响较大；而当空速大于 15000/h，同时催化水解反应受外扩散影响比较小。因此，本研究中当反应空速大于 15000/h 时，外扩散对催化剂活性的影响已基本消除。实验中的反应动力学研究的空速选择为 18000/h。

5.1.2.2　内扩散影响的消除

催化剂目数的大小直接影响了水解反应的内扩散。因此，实验在工艺条件相同的工况下，分别选用 80 ~ 100 目（0.12 ~ 0.18mm），60 ~ 80 目（0.18 ~ 0.25mm），40 ~ 60 目（0.25 ~ 0.38mm）和 20 ~ 40 目（0.38 ~ 0.83mm）这四种粒径大小的催化剂来考察内扩散对催化剂水解活性和催化剂工作硫容的影响，实验结果见图 5 – 3 和图 5 – 4。

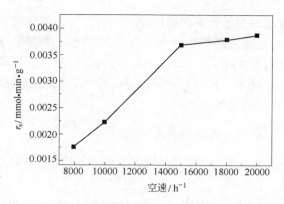

图 5-2 空速对 COS 和 CS₂ 同时催化水解反应速率的影响

（COS 浓度：980mg/m³；CS₂ 浓度：46mg/m³；RH：49%；反应温度：50℃；O₂：0.5%）

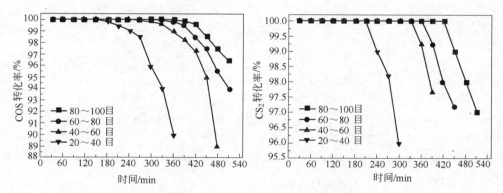

图 5-3 催化剂颗粒大小对 COS 和 CS₂ 同时催化水解活性的影响

a—COS 转化率；b—CS₂ 转化率

（COS 浓度：980mg/m³；CS₂ 浓度：46mg/m³；RH：49%；空速：18000/h；反应温度：50℃；O₂：0.5%）

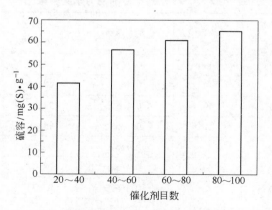

图 5-4 催化剂颗粒大小对催化剂硫容的影响

从图中可以看出，当催化剂颗粒粒径较大时，工作硫容较低，当催化剂的粒度小于 40～60 目时，催化剂的工作硫容随粒度的减小而减小的趋势不再明显，表明此时催化剂颗粒的大小对催化剂水解活性及工作硫容的提高已没有十分明显的效果，此时，认为反应内扩散的影响已基本消除。因此，在反应动力学实验中选用粒径 40～60 目的催化剂。

5.1.3 COS 和 CS$_2$ 催化水解反应动力学实验

在上述研究的基础上，实验消除了影响动力学的外扩散和内扩散后，动力学实验的条件如表 5－1 所示。

表 5－1 COS 和 CS$_2$ 同时催化水解反应本征动力学实验条件

实 验 条 件	实验条件范围及参数
空速/h^{-1}	18000
反应温度/℃	30, 40, 50, 60, 70
进口 COS 浓度/mg·m^{-3}	490, 736, 860, 980
进口 CS$_2$ 浓度/mg·m^{-3}	30, 155, 310, 620
相对湿度/%	17, 32, 49, 60, 75, 96
催化剂粒度/目	40～60

5.1.3.1 COS 催化水解反应动力学计算

实验对反应过程中 COS 的催化水解反应动力学进行了计算，实验结果如表 5－2 所示。

表 5－2 COS 水解反应的动力学实验数据

反应温度 /K	COS 浓度 /mg·m^{-3}	相对湿度 /%	催化剂质量/g	COS 转化率/%	反应速率 /mmol·(min·g)$^{-1}$
323	980	49	0.1656	98.99	0.004267
323	920	49	0.1658	98.59	0.003984
323	860	49	0.1657	98.27	0.003707
323	980	17	0.1655	98.68	0.004254
323	980	32	0.1657	99.55	0.004291
323	980	60	0.1658	98.57	0.004249
323	980	75	0.1657	97.73	0.004283
323	980	96	0.1657	95.97	0.004239

续表 5 - 2

反应温度 /K	COS 浓度 /mg·m⁻³	相对湿度 /%	催化剂质量/g	COS 转化率/%	反应速率 /mmol·(min·g)⁻¹
303	980	49	0.1656	90	0.003879
313	980	49	0.1657	93	0.004009
333	980	49	0.1658	99.3	0.00428
343	980	49	0.1657	99.56	0.004292

动力学方程主要分为两种类型，分别是幂函数型和双曲函数型，两种类型的方程理论上都可以得到适用于相同反应的动力学方程。其中，幂函数型方程则是一种最基本的动力学方程类型，其所需的实验数据较少，数学计算处理的工作量也较少，方便于工程上的应用和推广。因此近年来国内外动力学研究广泛采用幂函数型方程。根据 COS 的水解反应方程式：

$$COS + H_2O \longrightarrow CO_2 + H_2S \tag{5-1}$$

前文中的实验结果表明，当 COS 水解反应在低温条件下进行时，其平衡转化率仍然接近于 100%，因此，该反应可认为属于不可逆反应，一般反应速率表达式为：

$$-r_A = kP_A^m P_B^n \tag{5-2}$$

式中，m、n 和 k 均是待估参数，m 是 COS 的反应级数，n 为 H_2O 的反应级数，k 是反应速率常数。根据表 5 - 2 中的实验数据进行相应的拟合，根据实验结果可知当反应温度为 323K 时，SSE 值最小，且 $R^2 = 1.0000$，$m = 1.0535$，$n = -0.0015$，$k = 527.85/\min$，则 COS 水解本征动力学方程为：

$$-r_{COS} = 527.85 P_{COS}^{1.0535} P_{H_2O}^{-0.0015} \tag{5-3}$$

由阿累尼乌斯（Arrhenius）方程：

$$k = Ae^{-E_a/RT} \tag{5-4}$$

式中，A 为指前因子；R 为气体常数；E_a 为反应活化能。

然后对公式（5-4）两边取对数可得：

$$\ln k = -E_a/RT + \ln A \tag{5-5}$$

由式（5-5）以 $\ln k$ 对 $1/RT$ 作图，能够得到一条直线，直线的斜率为 E_a/RT，即可求出反应活化能 E_a 和指前因子 A。由实验计算结果数据经过拟合，可得到不同反应温度下，反应速率常数的对数"$\ln k$"与"$1/RT$"的关系，如图 5 - 5 所示。

由图 5 - 5 可得到：反应活化能 $E_a = 23.44\text{kJ/mol}$，指前因子 $A = 3.3 \times 10^6/\min$，故 COS 催化水解的反应动力学方程可表示为：

$$-r_{COS} = 3.3 \times 10^6 \exp\left(\frac{-23.44}{RT}\right) P_{COS}^{1.0535} P_{H_2O}^{-0.0015} \tag{5-6}$$

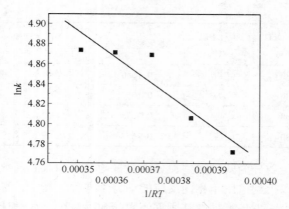

图 5 - 5   30 ~ 70℃下 COS 水解反应的阿累尼乌斯关系图

5.1.3.2   CS$_2$ 催化水解反应动力学计算

然后实验对反应过程中的 CS$_2$ 的催化水解反应动力学进行了计算，动力学实验结果如表 5 - 3 所示。

表 5 - 3   CS$_2$ 水解反应的动力学实验数据

反应温度 /K	CS$_2$ 浓度 /mg·m^{-3}	相对湿度 /%	催化剂质量/g	CS$_2$ 转化率 /%	反应速率 /mmol·(min·g)$^{-1}$
323	30	49	0.1656	100	0.00010776
323	155	49	0.1658	99.37	0.00053461
323	310	49	0.1657	98.21	0.00105674
323	620	49	0.1655	90.79	0.0019538
323	46	17	0.1657	100	0.00016164
323	46	32	0.1658	100	0.00016164
323	46	49	0.1657	100	0.00016164
323	46	60	0.1657	98.62	0.00015941
323	46	75	0.1656	96.1	0.00015534
323	46	96	0.1657	92.96	0.00015026
303	46	49	0.1656	100	0.00016164
313	46	49	0.1657	100	0.00016164
333	46	49	0.1658	99	0.00016002
343	46	49	0.1657	94.71	0.00015156

根据 CS$_2$ 的水解反应方程式：

$$CS_2 + 2H_2O \longrightarrow CO_2 + 2H_2S \qquad (5-7)$$

第 3、4 章的实验结果表明，当 CS$_2$ 水解反应在低温条件下进行时，其平衡转化率同样接近于 100%，因此，该反应也可认为属于不可逆反应，一般反应速率表达式仍然表示为：

$$-r_A = kP_A^m P_B^n \qquad (5-8)$$

式中，m、n 和 k 均是待估参数，m 是 CS$_2$ 的反应级数，n 为 H$_2$O 的反应级数，k 是反应速率常数。根据表 5-3 中的实验数据进行相应的拟合，根据实验结果可知，当反应温度为 323K 时，SSE 值最小，且 $R^2 = 1.0000$，$m = 0.9727$，$n = -0.11$，$k = 369.57/\text{min}$，则 CS$_2$ 水解本征动力学方程为：

$$-r_{CS_2} = 369.57 P_{CS_2}^{0.9727} P_{H_2O}^{-0.11} \qquad (5-9)$$

由阿累尼乌斯（Arrhenius）方程：

$$k = Ae^{-E_a/RT} \qquad (5-10)$$

式中，A 为指前因子；R 为气体常数；E_a 为反应活化能。

然后对式（5-10）两边分别取对数可得：

$$\ln k = -E_a/RT + \ln A \qquad (5-11)$$

由式（5-11）可以看出以 $\ln k$ 对 $1/RT$ 作图，能够得到一条直线，直线的斜率为 E_a/RT，由此即可求出反应活化能 E_a 和指前因子 A。由实验计算结果数据经过拟合，可以得到不同反应温度下，反应速率常数的对数 "$\ln k$" 与 "$1/RT$" 的关系，如图 5-6 所示。

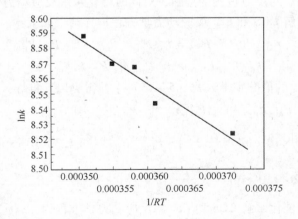

图 5-6 30~70℃下 CS$_2$ 水解反应的阿累尼乌斯关系图

由图 5-6 可得：反应活化能 $E_a = 29.797 \text{kJ/mol}$，指前因子 $A = 2.26 \times 10^7/$ min，故 CS$_2$ 催化水解的反应动力学方程可表示为：

$$-r_{CS_2} = 2.26 \times 10^7 \exp\left(\frac{-29.797}{RT}\right) P_{CS_2}^{0.9727} P_{H_2O}^{-0.11} \tag{5-12}$$

5.2 COS、CS$_2$ 同时催化水解反应动力学拟合和确定

上一节中，采用幂函数作为动力学等效模型对 COS 和 CS$_2$ 催化水解反应动力学进行了数据分析和拟合，分别得到了 COS 和 CS$_2$ 的水解反应动力学方程式，对于 COS 和 CS$_2$ 催化水解反应来说，由反应动力学方程可知，其中，水解反应对 COS 的反应级数为 1，对 CS$_2$ 的反应级数也是 1，而对 H$_2$O 的反应级数为 0，二者反应动力学方程式分别为：

$$-r_{COS} = 3.3 \times 10^6 \exp\left(\frac{-23.44}{RT}\right) P_{COS}^{1.0535} P_{H_2O}^{-0.0015}$$

和

$$-r_{CS_2} = 2.26 \times 10^7 \exp\left(\frac{-29.797}{RT}\right) P_{CS_2}^{0.9727} P_{H_2O}^{-0.11}$$

由前文讨论可知，COS 和 CS$_2$ 在 Fe – Cu – Ni/MCSAC 催化剂上是先水解，再氧化的一个过程，COS 和 CS$_2$ 水解的最终产物是 H$_2$S，而 CS$_2$ 水解的中间产物包括少量的 COS（反应方程式为式（5-13）~ 式（5-15））。

$$COS + H_2O \longrightarrow CO_2 + H_2S \tag{5-13}$$
$$CS_2 + H_2O \longrightarrow COS + H_2S \tag{5-14}$$
$$CS_2 + 2H_2O \longrightarrow 2H_2S + CO_2 \tag{5-15}$$

因此，在分别得到 COS 和 CS$_2$ 催化水解反应动力学方程式的基础上，通过二者之间的关系和对反应过程的推断，对同时催化水解反应动力学方程进行了推导。同时催化水解 COS 和 CS$_2$ 反应动力学方程推导结果如下：

$$-r = kP(P_0 + P_1) = k_{COS} P_{H_2O}^{COS}(P_{COS} + k_{CS_2} P_{CS_2} P_{H_2O}^{CS_2})$$
$$= k_{COS} P_{COS} P_{H_2O}^{COS} + k_{COS} P_{H_2O}^{COS} k_{CS_2} P_{CS_2} P_{H_2O}^{CS_2} \tag{5-16}$$

将 k_{COS} 和 k_{CS_2} 的值分别带入式（5-16）中，得到以下推导：

$$-r = k_{COS} P_{COS} P_{H_2O}^{COS} + k_{COS} P_{H_2O}^{COS} k_{CS_2} P_{CS_2} P_{H_2O}^{CS_2}$$

$$= 3.3 \times 10^6 \exp\left(\frac{-23.44}{RT}\right) \cdot P_{COS}^{1.0535} P_{H_2O}^{-0.0015} + 3.3 \times 10^6 \exp\left(\frac{-23.44}{RT}\right) \times$$

$$2.26 \times 10^7 \exp\left(\frac{-29.797}{RT}\right) \cdot P_{CS_2}^{0.9727} \cdot P_{H_2O}^{-0.0015} \cdot P_{H_2O}^{-0.11} \tag{5-17}$$

因此，同时催化水解 COS 和 CS$_2$ 的反应动力学方程为：

$$-r = 3.3 \times 10^6 \exp\left(\frac{-23.44}{RT}\right) P_{COS}^{1.0535} P_{H_2O}^{-0.0015} +$$

$$7.458 \times 10^{13} \exp\left(\frac{-53.237}{RT}\right) P_{CS_2}^{0.9727} \cdot P_{H_2O}^{-0.0015} \cdot P_{H_2O}^{-0.11} \tag{5-18}$$

最后，对实际测得的同时催化水解反应速率与上述推导出的动力学方程计算

所得的同时催化水解反应速率进行了对比验证，以检验动力学方程在不同条件下与实际数据的误差有多大。实验选取了不同 COS 和 CS_2 浓度比下的反应速率进行对比验证。由表 5-4 可以看出，随着 COS 和 CS_2 的进口浓度比从 40:1 下降到 1:1，实际反应速率与计算反应速率的相对误差随之增大。当 COS 和 CS_2 的进口浓度分别为 980mg/m³ 和 30mg/m³ 时，实际反应速率与计算反应速率的相对误差仅仅为 0.45%，而增大 CS_2 的浓度减小 COS 浓度后，相对误差随之增大，当 COS 和 CS_2 的进口浓度分别为 490mg/m³ 和 620mg/m³ 时，实际反应速率与计算反应速率的相对误差为 8.03%。尽管如此，二者相差误差仍保持在 8% 左右，误差并不是十分明显。所以，同时催化水解 COS 和 CS_2 的反应动力学方程式是适用的。

表 5-4 实际反应速率和计算反应速率的对比

COS 浓度 /mg·m⁻³	CS_2 浓度 /mg·m⁻³	相对湿度 /%	反应温度 /K	实际反应速率 /mmol·(min·g)⁻¹	计算反应速率 /mmol·(min·g)⁻¹	相对误差 /%
980	30	49	323	0.0043789	0.0043989	0.45
860	155	49	323	0.0040018	0.0041018	2.49
736	310	49	323	0.0038645	0.0040935	5.93
490	620	49	323	0.0036033	0.0038926	8.03

5.3 本章小结

（1）首先采用幂函数作为动力学等效模型对 COS 和 CS_2 催化水解反应动力学进行了数据分析和拟合，分别得到了 COS 和 CS_2 的水解反应动力学方程式，对于 COS 和 CS_2 催化水解反应来说，其中，水解反应对 COS 的反应级数为 1，对 CS_2 的反应级数也为 1，而对 H_2O 的反应级数为 0，二者反应动力学方程分别为：

$$-r_{COS} = 3.3 \times 10^6 \exp\left(\frac{-23.44}{RT}\right) P_{COS}^{1.0535} P_{H_2O}^{-0.0015}$$

和
$$-r_{CS_2} = 2.26 \times 10^7 \exp\left(\frac{-29.442}{RT}\right) P_{CS_2}^{0.9727} P_{H_2O}^{-0.11}$$

（2）在分别得到 COS 和 CS_2 催化水解反应动力学方程式的基础上，通过二者之间的关系和对反应过程的推断，对同时催化水解动力学方程进行了推导。COS 和 CS_2 同时催化水解的反应动力学方程为：

$$-r = 3.3 \times 10^6 \exp\left(\frac{-23.44}{RT}\right) P_{COS}^{1.0535} P_{H_2O}^{-0.0015} + 7.458 \times 10^{13}$$

$$\exp\left(\frac{-53.237}{RT}\right) P_{CS_2}^{0.9727} \cdot P_{H_2O}^{-0.0015} \cdot P_{H_2O}^{-0.11}$$

（3）实验对实际测得的同时催化水解反应速率与上述推导出的动力学方程计算所得的同时催化水解反应速率进行了对比验证。结果表明，随着 COS 和 CS$_2$ 的进口浓度比从 40 : 1 下降到 1 : 1（COS 和 CS$_2$ 的总的进口浓度恒定为 410 × 10^{-6}），实际反应速率与计算反应速率的相对误差随之增大。但是二者相对误差一直保持在 8% 左右，误差并不是十分明显。所以，同时催化水解 COS 和 CS$_2$ 的反应动力学方程式是适用的。

6 改性微波活性炭同时脱除 COS、CS₂ 机理分析

本章主要对新鲜催化剂、不同条件下失活后的催化剂、经过再生处理后的催化剂等样品进行表征分析。表征方法包括 N_2 吸附等温线分析、孔径分布分析、比表面积分析、SEM 表面形貌分析、EDS 能谱分析、XPS 表面物质价态及其含量分析等。

其中，N_2 吸附等温线分析用于表征催化剂失活前后和再生后的孔结构信息变化；比表面积和孔径分布分析用于表征催化剂失活前后和再生后比表面积以及微孔和介孔分布的变化；SEM 形貌分析用于表征催化剂失活前后表面的形貌变化；EDS 能谱分析用于表征催化剂失活前后元素组成变化；XPS 分析用于表征催化剂失活前后、不同条件下失活后的表面物质价态和含量变化特征。通过以上表征手段的分析和讨论，结合再生过程的结果和动力学结果提出 Fe‒Cu‒Ni/MC-SAC 催化剂同时脱除 COS 和 CS₂ 的反应机理。

本章中所研究的催化剂新鲜样均为 Fe‒Cu‒Ni/MCSAC 催化剂，其中 Fe_2O_3 的质量分数为 5%，Fe：Cu：Ni 摩尔比为 10：2：0.5，焙烧条件为 300℃下焙烧 3h，KOH 的质量分数为 13%。再生样品所采用的再生方法为水洗 + N_2 加热吹扫 + 浸碱（碱洗）再生方法，其中，N_2 加热吹扫条件为 500℃下吹扫 3h，碱洗液选用质量分数为 13% 的 KOH 溶液。

6.1 BET 表征分析

图 6‒1 为 Fe‒Cu‒Ni/MCSAC 催化剂新鲜样、Fe‒Cu‒Ni/MCSAC 催化剂失活样以及再生一次样三个样品的 N_2 吸附等温线表征结果，三个样品的 BET 比表面和孔结构参数如表 6‒1 所示。

由图 6‒1 可以看出，三个样品的 N_2 吸附等温线均属于按 IUPAC 的 Ⅰ 型吸附等温线，各自的吸附量都是随着相对压力的增大而快速上升，吸附速率也相对较快，在相对压力为 0.1 时的吸附量就已经达到饱和吸附量的 90% 以上，并出现了一个吸附平台。这说明三个样品中的微孔占主要地位，并且微孔的分布相对集中，而仅仅存在少量的介孔和大孔。

图 6‒1 显示，新鲜样的吸附等温线累积吸附量较大，而失活样的 N_2 吸附等温线累积吸附量则有十分明显的下降，而经过再生一次后的样品，其 N_2 吸附

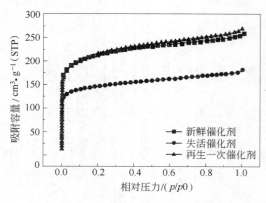

图 6 - 1   三个不同催化剂的 N$_2$ 吸附等温线

等温线累积吸附量已经基本上恢复到失活前的状态。以上结果表明，失活样品的大部分孔道都被堵塞，而可以再用于吸附 N$_2$ 的孔已经明显变少；而失活催化剂样品经过水洗 + N$_2$ 加热吹扫 + 浸碱（碱洗）再生后样品的累积吸附量仍可恢复到新鲜 Fe - Cu - Ni/MCSAC 催化剂的状态，对 N$_2$ 的吸附能力和新鲜样相差不大，这说明催化剂孔道内的大部分产物经再生处理后基本能够完全脱附，催化剂基本恢复了其对 COS 和 CS$_2$ 同时催化水解的能力，表明本研究所采用的水洗 + N$_2$ 加热 + 浸碱（碱洗）再生方法是一种较为有效的再生方法。

表 6 - 1 显示了三个样品的比表面积和孔结构参数值，由表中所得参数可以发现，其参数值的变化趋势符合图 6 - 1 的 N$_2$ 吸附等温线变化规律。新鲜样品具有最大的比表面积（802m^2/g）、总孔体积（0.397cm^3/g）和微孔体积（0.330cm^3/g）；相比新鲜样，失活催化剂的比表面积、总孔体积和微孔体积都有所下降，分别为 560m^2/g、0.279cm^3/g 和 0.225cm^3/g，而平均孔径有所增加，这表明催化剂失活后，催化剂的孔道特别是部分微孔被催化水解的反应产物堵塞。而失活催化剂经过再生处理后，其比表面积、总孔体积和微孔体积都得到了有效恢复，催化剂比表面恢复到 795m^2/g，微孔体积恢复到 0.331cm^3/g，与新鲜催化剂的十分接近。因此，再生后的催化剂对 COS 和 CS$_2$ 同时催化水解的活性也能得到有效地恢复。

表 6 - 1   三个不同催化剂的物性参数

样品名称	比表面积/m^2 · g^{-1}	总孔体积/cm^3 · g^{-1}	微孔体积/cm^3 · g^{-1}	平均孔径/nm
新鲜样	802	0.397	0.330	1.979
失活样	560	0.279	0.225	1.993
再生一次样	795	0.415	0.331	2.088

实验对新鲜样、失活样和再生样分别进行了介孔和微孔的孔径分布分析。图 6 - 2 的孔径分布图也验证了上述结论，首先，从图 6 - 2a 中可以明显看出，三种催化剂的孔分布均小于 10.0nm，甚至大部分小于 6.0nm，这也进一步验证了对于三种样品 N$_2$ 吸附等温线特点的判断。对于新鲜 Fe - Cu - Ni/MCSAC 催化剂来说，在 3.0 ~ 4.5nm 的范围内，其孔分布要多于失活后的 Fe - Cu - Ni/MCSAC 催化剂。而再生一次后的 Fe - Cu - Ni/MCSAC 催化剂在这个范围内的孔分布略

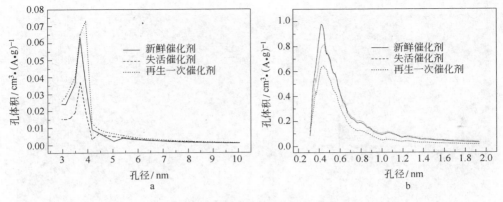

图 6-2 三种不同催化剂孔径分布图

a—3~10nm 范围分布；b—<2.0nm 范围分布

多于新鲜样品。

图 6-2b 给出了这三个催化剂更小范围的微孔分布（小于 2nm），从图中可以看出，失活后的催化剂在微孔分布中同样是最少的，这说明失活样品表面的微孔结构被堵塞。而与此同时，相比失活样品，再生一次后的 Fe-Cu-Ni/MCSAC 催化剂在 0.3~1.8nm 范围内具有更多的微孔分布，微孔分布得以有效的恢复。这些结果说明，比表面积和微孔（0.3~0.6nm）的有效恢复对催化剂同时催化水解 COS 和 CS_2 起到了有效的作用。

6.2 SEM/EDS 表征分析

利用扫描电镜（SEM）/能谱（EDS）分析表征可观察到催化剂在反应前后表面形貌特征变化和元素组成的变化情况，新鲜样和失活样放大 20000 倍和放大 5000 倍的扫描电镜图如图 6-3~图 6-4 所示，EDS 分析结果如表 6-2 所示。

表 6-2 四种样品表征分析结果

元　素	元素分析（质量分数）/%	
	新鲜样	失活样
C	54.51	39.42
O	12.80	14.86
Na	3.47	3.77
S	1.20	12.88
K	11.73	12.02
Fe	12.59	12.88
Ni	1.10	1.54
Cu	2.60	2.63

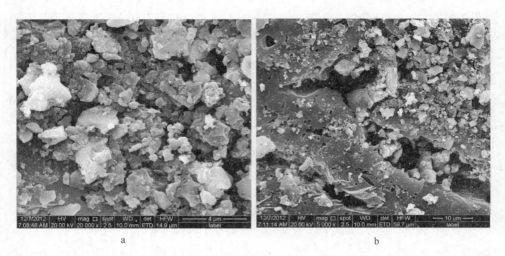

图 6 - 3　新鲜 Fe - Cu - Ni/MCSAC 催化剂 SEM 扫面电镜图
a— ×20000；b— ×5000

图 6 - 4　失活 Fe - Cu - Ni/MCSAC 催化剂 SEM 扫面电镜图
a— ×20000；b— ×5000

　　新鲜样的 SEM 表征结果如图 6 - 3 所示，从图中可以看出，新鲜样的表面较为光滑，存在着不同尺寸的微孔、介孔和少量的大孔，另外，在孔结构特征表征时也能发现新鲜样的比表面积和孔隙结构比较发达。与此同时，新鲜催化剂表面分布着金属氧化物的颗粒，能够从表面明显观察到有活性炭的结构。

　　图 6 - 4 为失活后的催化剂 SEM 扫描电镜图，从图中可以看出，催化剂表面的孔道大部分已经被堵塞，仅有少量的孔存在，且白色发亮物质明显比新鲜催化

剂的要多，并且存在团聚的状态，这说明催化剂表面确实生成了大量的金属盐类物质，并且含量很多，堵塞了催化剂的孔道，导致催化剂的失活。

为了说明催化剂失活表面成分的大致变化，实验使用 EDS 对这些样品进行了元素分析。如表 6-2 所示，两种样品的 Na、Fe、Cu 和 Ni 的质量百分比变化不明显。首先关注 S 元素的变化，从表中发现，在失活的催化剂上，S 元素的质量百分比（质量分数%）明显增多了，新鲜催化剂表面 S 元素的质量分数仅为1.20%，而失活后催化剂的 S 元素的质量分数则上升到了 12.88%。失活催化剂上 S 含量的增加是由于失活催化剂表面生成单质 S 或者硫酸盐，这些物质能够阻塞催化剂的孔道，降低催化剂比表面积导致催化剂的失活。

然后分析 C 元素，从表中可以看出，C 元素的变化趋势和 S 元素的变化趋势刚好相反，失活样的 C 元素质量分数较低，为 39.42%，而新鲜样的 C 元素的质量分数为 54.51%。这是由于失活催化剂表面覆盖了大量硫酸盐所致。总的来说，从 EDS 表征结果分析，催化剂失活后，水解产物 H_2S 在有氧条件下反应生成的硫酸盐等物质会覆盖催化剂表面，导致催化剂的失活。

6.3　XPS 表征分析

利用 X 射线光电子能谱仪（XPS）表征能够观察到催化剂在不同条件下失活样品表面元素的组成形式以及价态的变化趋势。本节首先对失活前后样品的 XPS 表征进行了分析，其中，失活样品的工艺条件为：COS 进口浓度 $980mg/m^3$，CS_2 进口浓度 $30mg/m^3$，相对湿度为 49%，氧含量为 0.5%，空速为 18000/h，反应温度为 50℃。然后对不同氧含量、不同相对湿度以及不同进口浓度下失活样品进行了 XPS 分析，通过变化规律推断 Fe-Cu-Ni/MCSAC 催化剂同时脱除COS 和 CS_2 的反应机理。

6.3.1　失活前后样品 XPS 表征分析

首先对新鲜样品和失活样品的 XPS 表征进行分析，表 6-3 显示的是新鲜样和失活样品宽扫描图上的各个原子的百分含量变化情况，表 6-4～表 6-5 和图6-5～图 6-6 给出的是新鲜样品和失活样品的宽扫描图、主要元素的扫描图以及各元素的化学形态。表征数据如下。

表 6-3　新鲜样和失活样的原子百分含量（原子分数/%）

样　品	C1s	O1s	Fe2p	S2p	Cu2p	Ni2p	N1s
新鲜样	75.841	20.69	1.035	0.406	0.335	0.151	1.543
失活样	74.179	20.315	0.79	3.104	0.257	0.146	1.21

表 6－4　新鲜样品的 C1s、Fe2p、S2p 数据

元　素	Band No.	结合能/eV	峰面积	原子分数/%	化学形态
C1s	1	284.79	51371.38	68.18	单质 C
	2	285.92	3830.26	5.08	C—H 碳氢单键
	3	286.64	1939.73	2.58	C—O 碳氧单键
Fe2p	1	711.45	4523.16	0.39	FeSO$_4$/铁的硫酸盐
	2	724.47	2352.97	0.41	伴峰
	3	715.75	1312.68	0.12	Fe$_2$O$_3$/Fe$_3$O$_4$
	4	727.55	678.11	0.12	伴峰
S2p	1	168.44	248.45	0.20	SO$_4^{2-}$/硫酸盐
	2	169.63	126.86	0.20	SO$_4^{2-}$/硫酸盐

表 6－5　失活样品的 C1s、Fe2p、S2p 数据

元　素	Band No.	结合能/eV	峰面积	原子分数/%	化学形态
C1s	1	284.79	53312.62	64.45	单质 C
	2	285.88	6118.34	7.40	C—H 碳氢单键
	3	286.73	1902.91	2.30	C—O 碳氧单键
Fe2p	1	711.26	6943.57	0.42	FeSO$_4$/铁的硫酸盐
	2	724.36	2460.1	0.29	伴峰
	3	715.66	616.01	0.03	Fe$_2$O$_3$/Fe$_3$O$_4$
	4	727.76	318.13	0.04	伴峰
S2p	1	164.08	771.49	0.38	单质 S
	2	165.27	394.17	0.38	RSOR
	3	168.85	2374.51	1.18	SO$_4^{2-}$/硫酸盐
	4	170.06	1211.28	1.17	CS$_2$

　　表征结果的分析和比较：

　　（1）比较两个样品的宽扫描图和宽扫描图上各个原子百分含量变化情况可知，失活样品的 C、Fe、Cu、Ni 都有不同程度的减少，其中 Fe、Cu、Ni 元素参与了催化水解反应过程，而 C 的减少则是因为生成的水解产物 H$_2$S 在有氧条件下被氧化成硫酸盐等物质，而这些物质覆盖了活性炭表面，使 C 的含量降低。与此同时，失活样品表面的 S 元素含量则有了明显的上升，其原子百分含量为 3.104%，较新鲜样上 S 的百分含量明显增加了。这是因为失活催化剂表面覆盖了大量的不同形态的 S 所致。

　　（2）比较新鲜样和失活样的 C1s 扫描图，两者 C1s 扫描图上的碳和含碳基

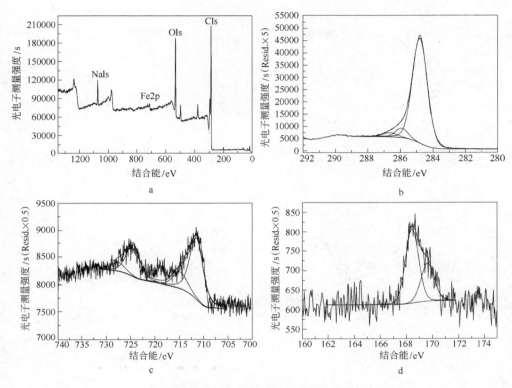

图 6-5　新鲜催化剂 XPS 表征分析图

a—宽扫描图；b—C1s XPS 谱图；c—Fe2p XPS 谱图；d—S2p XPS 谱图

团峰的结合能位置如表 6-4 和表 6-5 所示，C1s 扫描图的分析主要集中了三个峰。

1 号峰为单质 C 的峰：两个样品单质 C 含量差不多，但失活样的单质 C 含量较新鲜样略低，这是由于水解产物 H_2S 被氧化后的氧化产物覆盖所致。2 号峰可能为 C—H 碳氢单键，二者的碳氢单键含量并不多，其中失活样的 C—H 碳氢单键含量较新鲜样略高，这可能是因为新鲜催化剂上的 C—C 键、C—O 键等与水解反应过程中的—OH 氢氧键反应结合转变成 C—H 键，导致失活催化剂表面的 C—H 键含量上升。3 号峰可能为 C—O 碳氧单键，两个样品的碳氧单键含量大致相同，约为 2.4% 左右，而失活样的略低，这是因为催化水解过程中，碳氧单键中的氧被夺走使 C—O 单键断裂，夺走的氧则有可能参与了水解产物 H_2S 的氧化过程，所以失活样的 C—O 单键有所降低。

（3）比较新鲜样和失活样 Fe2p 扫描图，两者的 Fe2p 扫描图上的铁和含铁基团峰的结合能位置如表 6-4 和表 6-5 所示，Fe2p 扫描图的分析主要集中四

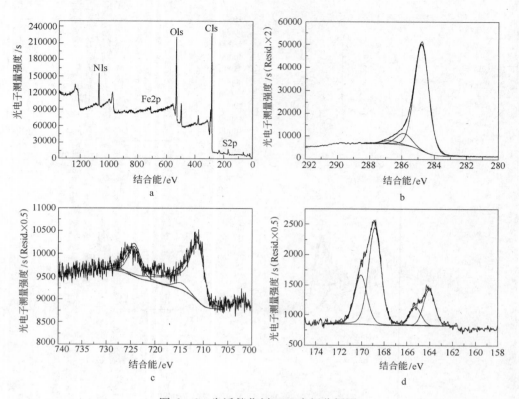

图 6-6   失活催化剂 XPS 表征分析图

a—宽扫描图；b—C1s XPS 谱图；c—Fe2p XPS 谱图；d—S2p XPS 谱图

个峰。

1 号峰为 $FeSO_4$/铁的硫酸盐：根据表 6-5 中数据所示，失活样的 $FeSO_4$/铁的硫酸盐的含量要比新鲜样上的 $FeSO_4$/铁的硫酸盐的含量高，这是因为催化剂在反应失活后，水解产物 H_2S 在有氧条件下在催化剂表面被氧化生成了铁的硫酸盐。2 号峰为伴峰，在这里不做讨论。3 号峰可能为 Fe_2O_3/Fe_3O_4，从表中数据可以明显看出，新鲜样品表面的 Fe_2O_3/Fe_3O_4 含量约为 0.12% 左右，而失活样的则仅仅为 0.03% 左右，失活样品表面的 Fe_2O_3/Fe_3O_4 含量明显降低是因为 Fe_2O_3/Fe_3O_4 与水解产物 H_2S 在有氧条件下发生氧化反应生成了铁的硫酸盐或者亚硫酸盐，在这个过程中 Fe_2O_3/Fe_3O_4 被大量消耗，导致失活样上其含量有所降低。4 号峰也是伴峰，在这里不做讨论。

（4）比较新鲜样和失活样的 S2p 局部扫描图，两个样品 S2p 局部扫描图上的硫和含硫基团峰的结合能位置如表 6-4 和表 6-5 所示，新鲜样品上硫含量很少，可能是活性炭自带的 S，通过表征可知，新鲜样的 S 局部扫描图主要集中两个硫酸盐的峰，含量为 0.203% 左右。而失活样的硫局部扫描结果显示其种类较为复杂，主要分为四种。

1 号峰为单质硫：根据上表中数据所示，失活样上出现了单质硫，而新鲜样品上则没有单质硫的发现，根据前面几章的分析，单质硫是催化水解反应产物 H_2S 在有氧条件下被氧化产生的。在失活样品上发现单质硫的存在也属正常。

2 号峰的结合能为 165.27eV，可能属于 RSOR 形态，其在新鲜样上没有出现，根据这种形态的特征不难发现，其中含有—SO—键，这可能是水解产物 H_2S 被氧化的中间产物之一，随着反应的继续发生，这种物质可能会进一步氧化成硫酸盐的形态。

3 号峰的结合能为 168.85eV，此处的物质为 SO_4^{2-}/硫酸盐，虽然在新鲜样品上同样有这种物质存在，但是失活样上的含量要明显高于新鲜样的含量。与新鲜样品不同的是，失活样上 SO_4^{2-}/硫酸盐含量的增加也正说明了催化水解的产物 H_2S 被氧化生成了大量的硫酸盐物种。这也进一步验证了前面对 Fe2p 的分析结论。

4 号峰比较特殊，经过与谱库对照，此处的物质可能为吸附态的 CS_2，根据这种现象的发现以及课题组前期对单独催化水解 CS_2 的机理研究结论猜测得知，在低温、低氧含量、低水含量、COS/CS_2 为 40:1 的条件下，CS_2 会比较容易首先吸附在催化剂表面，然后进行催化水解反应。其变化特征将在后面的研究中继续谈论。

6.3.2 不同氧含量下失活样 XPS 表征分析

上一小节对新鲜样品和失活样品的 XPS 表征进行了分析，大致确定了催化剂失活后表面会被单质硫和硫酸盐的混合物所覆盖，而这些物质则是 COS 和 CS_2 先水解后氧化所造成的。其中，氧化步骤在整个反应中十分重要的，氧含量的变化可能会直接导致水解产物 H_2S 被氧化后在催化剂表面形成的产物种类以及产物含量的变化，因此，本小节中对氧含量为 2.2% 和氧含量为 10.2% 下失活后的催化剂样品进行了 XPS 表征分析（COS 进口浓度 980mg/m³，CS_2 进口浓度 30mg/m³，相对湿度为 49%，空速为 18000/h，反应温度为 50℃），表 6-6、表 6-7 和图 6-7、图 6-8 分别给出的是氧含量分别为 2.2% 和 10.2% 条件下失活样品的宽扫描图、主要元素的扫描图以及各元素的化学形态。表征数据如下。

表征结果的比较和分析：

（1）比较氧含量为 2.2% 和 10.2% 条件下失活样的 C1s 扫描图，两个样品的 C1s 扫描图上的碳和含碳基团峰的结合能位置也如表 6-6 和表 6-7 所示，C1s 扫描图的分析主要集中了三个峰。

表 6 - 6　氧含量为 2.2% 条件下失活样品的 C1s、Fe2p、S2p 数据

元　素	Band No.	结合能/eV	峰面积	原子分数/%	化学形态
C1s	1	284.78	42144.44	57.23	单质 C
	2	285.94	3124.3	4.24	C—H 碳氢单键
	3	286.71	2386.21	3.24	C—O 碳氧单键
Fe2p	1	711.37	4426.49	0.613	FeSO₄/铁的硫酸盐
	2	724.73	2299.71	0.618	伴峰
	3	715.12	1307.17	0.181	Fe₂O₃/Fe₃O₄
	4	727.22	676.61	0.182	伴峰
S2p	1	164.1	241.49	0.291	单质 S
	2	165.36	123.55	0.291	RSOR
	3	168.91	798.97	0.962	SO_4^{2-}/硫酸盐
	4	170.02	408.26	0.962	CS₂
	5	170.16	2627.06	3.163	RSO₂R
	6	171.42	1203.78	2.838	中间产物

表 6 - 7　氧含量为 10.2% 条件下失活样品的 C1s、Fe2p、S2p 数据

元　素	Band No.	结合能/eV	峰面积	原子分数/%	化学形态
C1s	1	284.78	36984.18	51.281	单质 C
	2	285.62	7597.04	10.535	C—H 碳氢单键
	3	286.65	6460.07	8.96	C—O 碳氧单键
Fe2p	1	711.54	5503.31	0.778	FeSO₄/铁的硫酸盐
	2	724.34	2083.77	0.572	伴峰
	3	715.66	483.88	0.068	Fe₂O₃/Fe₃O₄
	4	727.46	264.41	0.073	伴峰
S2p	1	164.07	66.15	0.081	单质 S
	2	165.18	33.79	0.081	RSOR
	3	169.13	1024.82	1.26	SO_4^{2-}/硫酸盐
	4	169.89	1200.02	1.475	RSO₂OR
	5	170.24	522.43	1.257	RSO₂R
	6	171.08	611.89	1.473	中间产物

　　1 号峰为单质 C 的峰：两种条件下失活催化剂上单质 C 含量差不多，但是氧含量为 10.2% 条件下失活样的单质 C 的含量较氧含量为 2.2% 条件下失活样的略低，分别为 51.281% 和 57.231%，这是由于在氧含量较高的条件下，水解产物

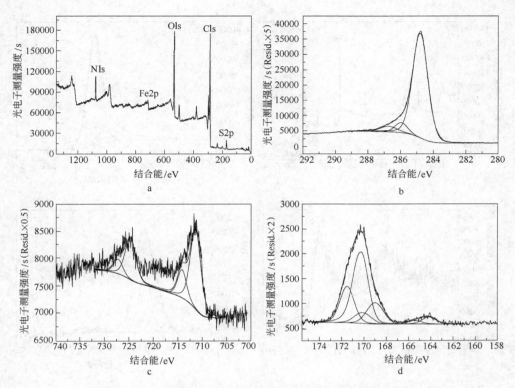

图 6 - 7 氧含量为 2.2% 条件下失活催化剂 XPS 表征分析图

a—宽扫描图；b—C1s XPS 谱图；c—Fe2p XPS 谱图；d—S2p XPS 谱图

H_2S 氧化所得的硫酸盐较多，由于更多硫酸盐覆盖在催化剂表面所致。

2 号峰可能为 C—H 碳氢单键，由表中数据可知，氧含量为 10.2% 条件下失活样的 C—H 碳氢单键含量较氧含量为 2.2% 条件下失活样的含量高，这可能是因为在氧含量较高的条件下，水解产物 H_2S 的氧化速率加快，H_2S 会快速被氧化成 H_2O 和硫酸盐/单质 S，这样催化剂上的 C—C 键、C—O 键等与氧化反应产物中的 H_2O 反应结合转变成 C—H 键，导致氧含量为 10.2% 条件下失活催化剂表面的 C—H 键含量有所上升。

3 号峰可能为 C—O 碳氧单键，氧含量为 10.2% 条件下失活样上 C—O 的含量较高，为 8.96%，而氧含量为 2.2% 条件下失活样上的 C—O 含量仅为 3.241%，这是因为反应过程中，有大量 O_2 存在时，催化剂表面自身的 C—C 键或其他单键易与 O_2 结合生成 C—O，虽然碳氧单键中的氧被夺走使 C—O 单键断裂，但这个过程在无氧条件或者氧含量较低条件下才会发生的比较明显，而在氧含量较高时不易发生，所以氧含量为 10.2% 条件下失活样的 C—O 单键有所升高。

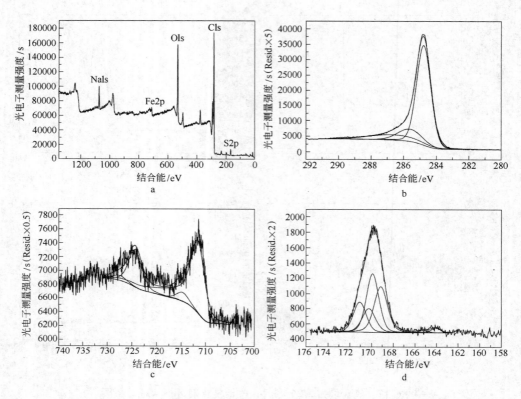

图 6 – 8　氧含量为 10.2% 条件下失活催化剂 XPS 表征分析图
a—宽扫描图；b—C1s XPS 谱图；c—Fe2p XPS 谱图；d—S2p XPS 谱图

（2）比较氧含量为 2.2% 条件下失活和氧含量为 10.2% 条件下失活样的 Fe2p 扫描图，两个样品的 Fe2p 扫描图上的铁和含铁基团峰的结合能位置也如表 7 – 6 和表 7 – 7 所示，Fe2p 扫描图的分析主要集中了四个峰。

1 号峰为 FeSO₄/铁的硫酸盐：根据表 6 – 7 数据所示，氧含量为 10.2% 条件下失活样的 FeSO₄/铁的硫酸盐含量要比氧含量为 2.2% 条件下失活样上的 FeSO₄/铁的硫酸盐的含量高，这是因为催化剂在氧含量较高的条件下，水解产物 H₂S 则更快地被氧化生成铁的硫酸盐或者亚硫酸盐，所以氧含量为 10.2% 条件下其含量自然也就较高。2 号峰为伴峰，在这里不做讨论。3 号峰可能为 Fe₂O₃/ Fe₃O₄，从表中数据可以明显看出，氧含量为 2.2% 条件下失活催化剂表面的 Fe₂O₃/Fe₃O₄ 含量约为 0.181% 左右，而氧含量为 10.2% 条件下失活样的 Fe₂O₃/ Fe₃O₄ 含量则仅仅为 0.07% 左右，这说明氧含量较高条件下的 Fe₂O₃/Fe₃O₄ 反应较为完全，大部分都已经参与了水解产物 H₂S 的氧化反应，在这个过程中绝大部分已经被消耗了。4 号峰也是伴峰，在这里不做讨论。

（3）比较氧含量为 2.2% 条件下失活样和氧含量为 10.2% 条件下失活样的 S2p 局部扫描图，两者的 S2p 局部扫描图上的硫和含硫基团峰的结合能位置如表 6-6 和表 6-7 所示，由于两种条件下失活催化剂上 S2p 的形态不完全一样，所以对其进行分别讨论。

其中，1 号峰均为单质硫，根据表中数据所示，氧含量为 10.2% 条件下失活样上的单质硫含量明显低于氧含量为 2.2% 条件下失活样上的单质硫含量，分别为 0.081% 和 0.291%，这是因为，在氧含量为 10.2% 条件下，单质硫会更加容易地被进一步氧化成其他中间氧化产物或者硫酸盐，所以氧含量为 10.2% 条件下的单质硫含量很低。

两者 2 号峰的结合能均在 165.27eV 附近，可能属于 RSOR 形态，这可能是催化水解产物 H_2S 被氧化生成的氧化中间产物之一，随着反应继续发生，这种物质可能会进一步氧化成硫酸盐的形态。而这两种催化剂上的 RSOR 含量也有着明显的差异，氧含量为 10.2% 条件下失活样的 RSOR 含量更低，仅为 0.081%，这是因为在氧含量较高条件下，这种形态的物质可能会进一步氧化成其他形态的 S 或者硫酸盐的形态。

两种失活催化剂上 3 号峰的结合能均在 168.9eV 附近，此处的物质应该为 SO_4^{2-}/硫酸盐，由表中数据明显看出，氧含量为 10.2% 条件下失活样上的 SO_4^{2-}/硫酸盐含量要明显高于氧含量为 2.2% 条件下失活样上的含量。这是因为，当 O_2 含量较高时，COS 和 CS_2 的水解产物 H_2S 能够快速地与 O_2 反应，被氧化成 SO_4^{2-}。另外，水解产物 H_2S 也可与氧发生反应生成单质硫，H_2S 和单质硫在氧的作用下转化为硫酸盐。所以，在氧含量为 10.2% 条件下，H_2S 的氧化速率也会增加，更多的硫酸盐物种就会较快的生成，这也验证了上述单质硫和 RSOR 变化规律的推论。

氧含量为 2.2% 条件下失活样上的 4 号峰经与谱库对照，此处物质可能为吸附态的 CS_2，其含量为 0.962%，前面分析中猜测，在低温、低氧含量/无氧、低水含量、COS/CS_2 为 40:1 的条件下，CS_2 会先吸附在催化剂表面，然后进行水解反应。然而在氧含量为 2.2% 条件下仍然有少量 CS_2 吸附在催化剂表面，但其含量明显降低，这说明一则前文推论是正确的，二则在有氧条件下，催化水解反应加快，CS_2 则较易水解成 H_2S，从而转变成其他产物，这和第 5 章中的氧含量影响也是吻合的。而氧含量为 10.2% 条件下并没有发现 CS_2 的存在，这说明大部分 CS_2 已经被完全水解，因此氧含量较高的条件下 CS_2 会较快的发生水解反应，水解产物 H_2S 也会比较快速的被氧化成其他物质。

氧含量为 10.2% 条件下失活样上的 4 号峰为 RSO_2OR，而氧含量为 2.2% 条件下失活样上没有发现这种物质的存在，这是因为，正如前面分析的，氧含量为 10.2% 条件下，单质硫、RSOR 等氧化过程的中间产物则更易被进一步氧化，生成含氧更高的 RSO$_2$OR。这个推论也能从 5 号峰的结果得以验证。

两种失活样品的 5 号峰的结合能均在 170.2eV 左右，为 RSO$_2$R 形态，仍然是水解产物 H$_2$S 被氧化后的一种中间产物，然而氧含量为 10.2% 条件下这种中间产物的含量明显低于氧含量为 2.2% 条件下，这是因为在氧含量较高的条件下，这种中间产物会继续被氧化成 RSO$_2$OR，甚至氧化成硫酸盐。所以氧含量为 10.2% 条件下失活样上 RSO$_2$R 的含量要比氧含量为 2.2% 条件下失活样上的含量少。

最后，出现在两种失活催化剂上的 6 号峰的结合能均在 171.4eV 左右，但是标准图谱没有给出对应的标准物质。相关研究表明，COS 和 CS$_2$ 水解产物 H$_2$S 有可能会被氧化产生硫代碳酸氢盐，即 HSCO$_3^-$，其可通过进一步氧化生成最终的氧化产物 SO$_4^{2-}$，因此，根据课题组前期的研究推断，此处出现的峰值也是一种氧化过程的中间产物。而氧含量为 10.2% 条件下失活样上的这种物质的含量同样明显低于氧含量为 2.2% 条件下失活样的含量，同样是因为氧含量较高的条件下，这种形态的中间产物会被进一步氧化成更多含氧的 RSO$_2$OR 或者直接被氧化成硫酸盐。

6.3.3　不同相对湿度下失活样 XPS 表征分析

上一小节对氧含量为 2.2% 条件下失活样品和氧含量为 10.2% 条件下失活样品的 XPS 表征进行了分析，基本上确定了催化剂在不同氧含量下失活后表面物种的变化规律。除此之外，相对湿度（水含量）对催化水解反应过程也是至关重要的，近年来关于 COS 和 CS$_2$ 的催化水解反应机理的研究中，很多研究者也都致力于对水含量的影响加以分析和讨论。

本小节中对 RH = 0%（无水条件）和 RH = 96%（高含量水条件）条件下失活后的催化剂样品进行了 XPS 表征分析（失活催化剂的反应条件：COS 进口浓度 980mg/m^3，CS$_2$ 进口浓度 46mg/m^3，氧含量为 0.5%，空速为 18000/h，反应温度为 50℃），表 6 – 8、表 6 – 9 和图 6 – 9、图 6 – 10 给出的是 RH = 0% 和 RH = 96% 条件下失活样品的宽扫描图、主要元素的扫描图以及各元素的化学形态（RH = 49%（低含量水）条件下失活样的数据在表 6 – 5 和图 6 – 6 中给出）。表征数据如下：

表 6 – 8　RH = 0% 条件下失活样品的 C1s、Fe2p、S2p 数据

元　素	Band No.	结合能/eV	峰面积	原子分数/%	化学形态
C1s	1	284.76	51974.17	60.01	单质 C
	2	285.95	5499.24	6.351	C—H 碳氢单键
	3	286.7	4604.33	5.318	C—O 碳氧单键

元　素	Band No.	结合能/eV	峰面积	原子分数/%	化学形态
Fe2p	1	711.05	2647.41	0.312	$FeSO_4$/铁的硫酸盐
	2	724	1375.33	0.314	伴峰
	3	715.82	1927.11	0.227	Fe_2O_3/Fe_3O_4
	4	725.97	999.09	0.228	伴峰
S2p	1	164.07	752.26	0.769	单质 S
	2	165.3	381.33	0.764	RSOR
	3	168.52	898.27	0.919	SO_4^{2-}/硫酸盐
	4	169.63	571.93	1.146	RSO_2OR
	5	170.09	2385.07	2.442	CS_2
	6	171.34	1250.07	2.506	中间产物

表 6 - 9　RH =96%条件下失活样品的 C1s、Fe2p、S2p 数据

元　素	Band No.	结合能/eV	峰面积	原子分数/%	化学形态
C1s	1	284.76	39389.73	55.814	单质 C
	2	285.98	4121.15	5.841	C—H 碳氢单键
	3	286.46	5149.15	7.298	C—O 碳氧单键
Fe2p	1	711.27	4044.51	0.584	$FeSO_4$/铁的硫酸盐
	2	724.38	2100.9	0.589	伴峰
	3	715.68	840.49	0.122	Fe_2O_3/Fe_3O_4
	4	726.45	435.1	0.122	伴峰
S2p	1	164.16	101.32	0.127	单质 S
	2	165.27	51.76	0.127	RSOR
	3	169.07	1314.71	1.651	SO_4^{2-}/硫酸盐
	4	169.65	1162.33	1.46	RSO_2OR
	5	170.23	771.38	1.897	RSO_2R
	6	170.86	593.35	1.459	COS

表征结果的比较和分析：

（1）比较 RH =0%条件下失活样、RH =49%条件下失活样和 RH =96%条件下失活样的 C1s 扫描图，三个样品的 C1s 扫描图上的碳和含碳基团峰的结合能位置如表 6 - 5、表 6 - 8 和表 6 - 9 所示，C1s 扫描图的分析主要集中了三个峰。

1 号峰为单质 C 的峰：三种催化剂上单质 C 含量的大小顺序为：RH =49%

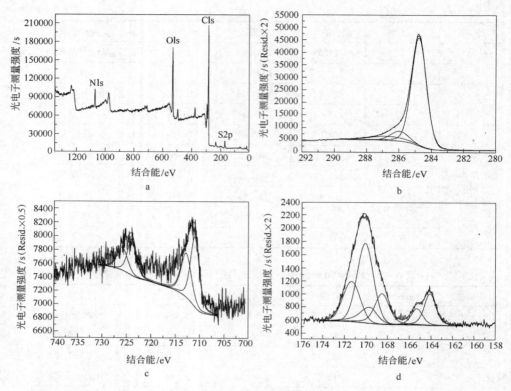

图 6 - 9   RH＝0% 条件下失活催化剂 XPS 表征分析图

a—宽扫描图；b—C1s XPS 谱图；c—Fe2p XPS 谱图；d—S2p XPS 谱图

条件下失活样 > RH＝0% 条件下失活样 > RH＝96% 条件下失活样，这是因为，RH＝0% 条件下有利于 CS₂ 首先吸附在催化剂表面，而且没有引入水的情况下，COS 和 CS₂ 的水解反应以及水解产物 H₂S 的氧化反应不是很完全，很多中间产物更易于覆盖在催化剂表面，导致单质 C 含量的降低。然而，在 RH＝96% 的条件下，由于引入大量水，很容易导致催化剂表面及孔道形成一层水膜，与此同时会导致部分 COS 更容易首先吸附在催化剂表面，所以 RH＝96% 条件下的单质 C 低于 RH＝49% 和 RH＝0% 条件下失活样的含量。

2 号峰为 C—H 碳氢单键，三种条件下失活催化剂上 C—H 键含量的大小顺序和单质 C 的含量顺序一致，原因可能是由于 RH＝0% 条件下没有水的引入，没有氢氧键与催化剂上的 C—C 键、C—O 键结合转变成 C—H 键，所以其含量低于 RH＝49% 条件下失活样的 C—H 单键含量，但是在 RH＝96% 的条件下，水膜的形成以及 COS 的吸附可能会抑制这种转变过程，导致 RH＝96% 条件下失活催化剂表面的 C—H 键含量有所降低。

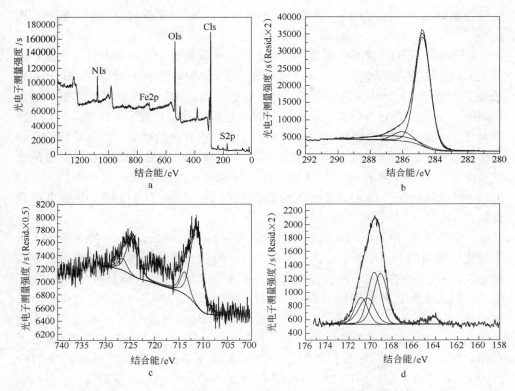

图 6-10 RH=96% 条件下失活催化剂 XPS 表征分析图

a—宽扫描图；b—C1s XPS 谱图；c—Fe2p XPS 谱图；d—S2p XPS 谱图

3 号峰可能为 C—O 碳氧单键，三种条件下失活催化剂上 C—O 单键含量的顺序为：RH=96% 条件下失活样 > RH=0% 条件下失活样 > RH=49% 条件下失活样，因为水越多，提供的 O 也相应越多，催化剂表面自身的 C—C 键或其他单键易于与其结合生成 C—O 单键，虽然碳氧单键中的氧被夺走参与 H_2S 的氧化过程，但是这个过程在水含量较高的条件下不易发生，而当水含量较低时，由于水解反应比较彻底，导致没有足够的 O_2 参与氧化反应，C—O 单键的断裂也许在这种条件下更易发生，所以 RH=49% 条件下失活样的 C—O 单键有所降低。而对于 RH=0% 条件下失活样品来说，本身水解过程就是有限的，且存在 CS_2 的物理吸附，同样会抑制氧化过程，C—O 单键的断裂不是十分明显，在这个条件下水解过程和 H_2S 的氧化过程很快就会停止，所以 RH=0% 条件下 C—O 单键的含量要比 RH=49% 条件下失活样的高，比 RH=96% 条件下失活样的低。

（2）比较 RH=0% 条件下失活样、RH=49% 条件下失活样和 RH=96% 条件下失活样的 Fe2p 扫描图，三个样品的 Fe2p 扫描图上的铁和含铁基团峰的结合能位置也如表 6 – 5、表 6 – 8 和表 6 – 9 所示，Fe2p 扫描图的分析主要集中了四个峰。

1 号峰为 FeSO$_4$/铁的硫酸盐：根据上述表中数据显示，三种条件下失活催化剂上 FeSO$_4$/铁的硫酸盐含量的大小顺序为：RH = 96% 条件下失活样 > RH = 49% 条件下失活样 > RH = 0% 条件下失活样，这是因为，RH = 0% 条件下水解反应是有限的，而生成的 H$_2$S 含量也较少，其氧化过程也就很难发生，即使少量的 H$_2$S 被氧化，生成的硫酸盐的量也相对较少。而随着水含量的增加，水解反应趋于快速平稳的状态，RH = 96% 的条件下，不仅有足够的水参与水解反应，形成的水膜也能提供部分 O 参与 H$_2$S 的氧化反应，导致硫酸盐的形成速度会加快，所以 RH = 96% 的条件下 FeSO$_4$/铁的硫酸盐含量较高。2 号峰为伴峰，在这里不做讨论。

3 号峰可能为 Fe$_2$O$_3$/Fe$_3$O$_4$，从表中数据可以明显看出，RH = 49% 条件下失活催化剂表面的 Fe$_2$O$_3$/Fe$_3$O$_4$ 含量最低，这是因为，在此条件下，反应不受水膜的影响，铁的氧化物参与的反应较为彻底，所以其含量最低，同样，此时催化剂的同时催化水解效果也比较理想。而 RH = 96% 条件下失活样的 Fe$_2$O$_3$/Fe$_3$O$_4$ 含量较 RH = 49% 条件下失活样的要高，这说明 RH = 96% 条件下的催化剂表面会形成水膜，抑制反应的发生，所以有少量的 Fe$_2$O$_3$/Fe$_3$O$_4$ 没有参与反应，导致其在催化剂上的积累。在无水参与下，由于水解反应的有限性，更多的 Fe$_2$O$_3$/Fe$_3$O$_4$ 没有参与反应，所以 RH = 0% 条件下的 Fe$_2$O$_3$/Fe$_3$O$_4$ 含量最高。4 号峰也是伴峰，在这里不做讨论。

（3）比较 RH = 0% 条件下失活样、RH = 49% 条件下失活样和 RH = 96% 条件下失活样的 S2p 扫描图，三个样品的 S2p 扫描图上的硫和含硫基团峰的结合能位置也如表 7 – 5、表 7 – 8 和表 7 – 9 所示，S2p 扫描图的分析主要集中了 4 ~ 6 个峰。由于三种条件下失活催化剂上 S2p 的形态不完全一样，所以分别进行讨论。

其中，三种催化剂的 1 号峰均为单质硫，根据上述表中数据所示，RH = 96% 条件下的单质硫含量明显低于 RH = 49% 条件和 RH = 0% 条件下单质硫的含量，这是因为，在水含量较高的条件下，单质硫会更加容易地被进一步氧化成其他氧化中间产物或者硫酸盐，所以 RH = 96% 条件下失活样上的单质硫含量很低。

三种催化剂的 2 号峰的结合能均在 165.27eV 附近，可能属于 RSOR 形态，上文中分析到，随着反应的继续发生，这种物质可能会进一步氧化成硫酸盐的形态。而这三种催化剂上的 RSOR 含量也有着明显的差异，相比 RH = 49% 和 RH = 0% 条件下的失活样，RH = 96% 条件下失活样的 RSOR 含量更低，仅为 0.127%，这是因为在 RH = 96% 条件下，这种形态的物质可能会进一步氧化成其他形态或者硫酸盐的形态。

三种失活催化剂上 3 号峰的结合能均在 168.9eV 附近, 此处的物质应该为 SO_4^{2-}/硫酸盐, 由表 6-9 中数据明显看出, RH=96% 条件下失活样上的 SO_4^{2-}/硫酸盐含量要明显高于 RH=49% 条件下失活样和 RH=0% 条件下失活样上的含量。这是因为, 当水含量较高时, H_2O 能提供一些含氧基团, 促进 H_2S 氧化反应的中间产物能够快速的被进一步氧化成 SO_4^{2-}。所以, 在 RH=96% 条件下, H_2S 的氧化速率也会增加, 更多的硫酸盐物种就会很快的生成, 这也符合上述单质硫和 RSOR 的变化规律。

RH=0% 条件和 RH=96% 条件下失活样上的 4 号峰为 RSO_2OR, 而 RH=49% 条件下失活样上没有发现此类物质, 这是因为, RH=49% 条件下由于 H_2O 的引入恰到好处, 没有阻止 RSO_2OR 的进一步氧化, 而 RH=0% 条件下, 这些物质无法被进一步氧化, 导致有所滞留。相反, 当水含量过高时, 更多的 RSOR 转化成 RSO_2OR, 所以 RH=96% 条件下 RSO_2OR 的含量要比 RH=0% 条件下的含量略高。

RH=49% 条件下失活样的 4 号峰和 RH=0% 条件下失活样的 5 号峰为同一种物质, 即吸附态的 CS_2, 但是 RH=96% 条件下失活样上没有发现吸附态 CS_2 的存在。前面的分析中推测, 在低温、低含量氧/无氧、低含量水、COS/CS_2 为 40:1 的条件下, CS_2 会先吸附在催化剂表面, 然后进行催化水解反应。然而在 RH=0% 条件下的失活样上仍然有 CS_2 的存在, 且其含量要高于 RH=49% 条件下的含量, 这说明一则水含量较低或者无水时有利于 CS_2 首先吸附在催化剂表面, 二则说明当有少量水引入时, 其催化水解反应加快, CS_2 则较易水解成 H_2S, 所以其吸附在催化剂表面上的量有所减少, 三则说明在水含量较高时, CS_2 不易吸附在催化剂表面, 而大部分 CS_2 与吸附态的 H_2O 更快的转化成 H_2S, 这与前人研究的结论是一致的。

RH=96% 条件下失活样上的 5 号峰为 RSO_2R, 而 RH=49% 和 RH=0% 条件下失活样上没有发现这种物质的存在, 这是因为, 正如前面分析, RH=96% 条件下, 单质硫、RSOR 等产物更易被进一步氧化, 生成含氧更高的产物 RSO_2R, 但是由于水膜的产生等限制因素, 这种产物无法进一步被氧化。所以可以看出, RH=96% 条件下的 H_2S 氧化产物类型是比较复杂的。

出现在 RH=0% 条件下失活催化剂上的 6 号峰的结合能均在 171.4eV 左右, 但是标准图谱没有给出对应的标准物质, 根据课题组前期的研究推断, 此处出现的峰值是一种 H_2S 被氧化的中间产物。而 RH=96% 和 RH=49% 条件下失活样上的这种中间产物是不存在的, 其中的原因可能是因为无水引入的条件下, 当这种中间产物产生时, 没有足够的 O 与之继续反应, 导致其在催化剂上的积累。与此同时, RH=96% 条件下失活样上的 6 号峰的结合能位于 170.8eV 附近, 经过比对, 这种物质为吸附态的 COS, 而 COS 是微溶于水的, 当水含量过高时,催化剂上形成的水膜能够促进 COS 在催化剂上的吸附，导致催化剂孔道的加速堵塞，使催化剂快速失活。

6.3.4　不同进口浓度下失活样 XPS 表征分析

根据第 4 章工艺条件的影响实验，发现不同的 COS 和 CS₂ 进口浓度比对催化水解活性影响比较明显，随着 COS/CS₂ 浓度比的减小，催化剂失活越快，为了弄清进口浓度比对同时催化水解反应过程的影响，本小节中对 COS/CS₂ 为 40∶1 条件下和 COS/CS₂ 为 1∶1 条件下失活后的催化剂样品（下文中简称 40∶1 失活样和 1∶1 失活样）进行了 XPS 表征分析（失活催化剂的反应条件：COS 和 CS₂ 进口浓度共 410×10^{-6}，氧含量为 0.5%，空速为 18000/h，反应温度为 50℃，相对湿度为 49%）。

表 6 - 10、表 6 - 11 和图 6 - 11、图 6 - 12 给出的是两种条件下失活样品的主要元素的扫描图以及各元素的化学形态。表征数据如下：

表 6 - 10　失活样品的 C1s、O1s、Fe2p、S2p 数据（COS/CS₂ = 40∶1）

元　素	Band No.	结合能/eV	峰面积	原子分数/%	化学形态
C1s	1	284.79	53312.62	64.45	单质 C
	2	285.88	6118.34	7.40	C—H 碳氢单键
	3	286.73	1902.91	2.30	C—O 碳氧单键
O1s	1	531.81	44085.39	15.869	C＝O 羰基碳氧双键
	2	532.98	9304.13	3.35	—COOH 羧基
Fe2p	1	711.26	6943.57	0.42	FeSO₄/铁的硫酸盐
	2	724.36	2460.1	0.29	伴峰
	3	715.66	616.01	0.03	Fe₂O₃/Fe₃O₄
	4	727.76	318.13	0.04	伴峰
S2p	1	164.08	771.49	0.38	单质 S
	2	165.27	394.17	0.38	RSOR
	3	168.85	2374.51	1.18	SO_4^{2-}/硫酸盐
	4	170.06	1211.28	1.17	CS₂

表 6 - 11　失活样品的 C1s、O1s、Fe2p、S2p 数据（COS/CS₂ = 1∶1）

元　素	Band No.	结合能/eV	峰面积	原子分数/%	化学形态
C1s	1	284.79	28414.74	33.429	单质 C
	2	285.78	11927.19	14.034	C—H 碳氢单键
	3	289.55	6685.35	7.871	C—O 碳氧单键

续表 6-11

元 素	Band No.	结合能/eV	峰面积	原子分数/%	化学形态
O1s	1	531.56	73385.4	30.89	C=O 羰基碳氧双键
	2	533.21	4560.79	1.921	—COOH 羧基
Fe2p	1	711.2	27329.28	3.278	FeSO₄/铁的硫酸盐
	2	724.94	7294.05	1.698	伴峰
S2p	1	163.93	90.52	0.094	单质 S
	2	165.19	53.37	0.109	RSOR
	3	168.42	440.9	0.46	SO_4^{2-}/硫酸盐
	4	169.03	521.33	0.544	SO_4^{2-}/硫酸盐
	5	169.6	234.26	0.478	SO_4^{2-}/硫酸盐
	6	170.2	214.6	0.438	RSO₂R

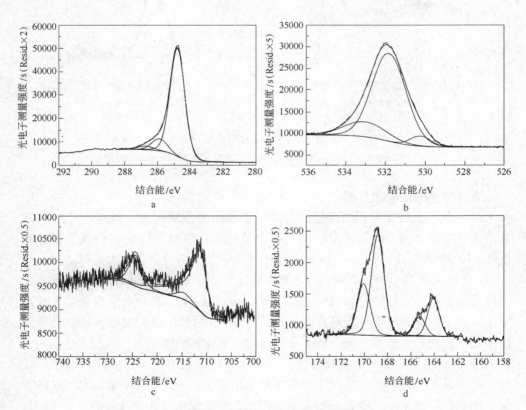

图 6-11 失活催化剂 XPS 表征分析图（COS/CS₂ = 40 : 1）

a—C1s XPS 谱图；b—O1s XPS 谱图；c—Fe2p XPS 谱图；d—S2p XPS 谱图

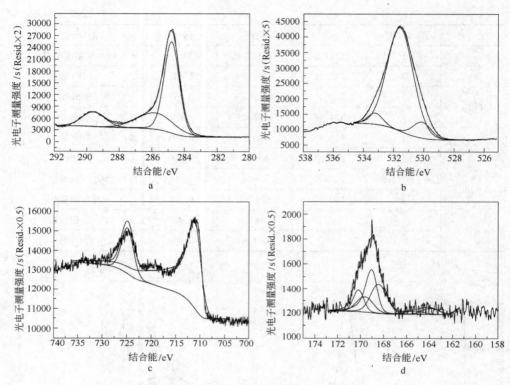

图 6-12　失活催化剂 XPS 表征分析图（COS/CS₂ = 1:1）

a—C1s XPS 谱图；b—O1s XPS 谱图；c—Fe2p XPS 谱图；d—S2p XPS 谱图

表征结果的比较和分析：

（1）从以上数据发现两个样品的 O1s 扫描图的差别较大，因此先分析 O 元素的变化规律。两个样品的 O1s 扫描图上的氧和含氧基团峰的结合能位置也如表 6-10 和表 6-11 所示，O1s 扫描图主要集中分析两个变化较大的峰。

1 号峰为羰基 C =O 双键，这个峰总体上看属于碳氧双键结构。从表中数据可以看出 1:1 失活样的 C =O 含量比 40:1 的失活样上的 C =O 含量明显要高很多。其中的原因分析可能是：由于 1:1 条件下的 CS₂ 浓度很高，导致其水解的中间产物包括大量的 COS，由于水解反应在催化剂表面发生，此时，生成的大量 COS 含有很多的 C =O 碳氧双键，这部分 COS 并没有完全进一步参与水解反应，而是大部分以 C =O 的形式附着在催化剂表面，导致催化剂表面 C =O 的含量急剧增加。也正是这些物质的积累和覆盖，导致催化剂的快速失活。

2 号峰对应的物质为羧基—COOH，1:1 失活样的—COOH 含量比 40:1 失活样的含量略低，这是因为，1:1 条件下 CS₂ 的浓度很高，且产生的 COS 浓度也较高，没有足够的水参与水解反应，而—COOH 会断裂提供少量的—OH，而断裂后的—COOH 则变成了 C＝O，所以 1：1 失活样的—COOH 含量有所降低，C＝O 含量则有所增加。

（2）比较两种条件下失活样的 C1s 扫描图，两个样品的 C1s 扫描图上的碳和含碳基团峰的结合能位置也如表 6 – 10 和表 6 – 11 所示，C1s 扫描图的分析主要集中了三个峰。

1 号峰为单质 C 的峰：从表中不难看出 1：1 失活样的单质 C 含量明显低于 40：1 失活样上的含量，这是因为，1：1 失活样上可能附着着大量的硫酸盐等物质，导致单质 C 含量的降低。

2 号峰可能为 C—H 碳氢单键，由表中数据可知，1：1 失活样的 C—H 含量要高于 40：1 失活样的含量，这可能是因为 1：1 失活样中的—COOH 键断裂生成—OH 键，而氢氧键与催化剂上的 C—C 键、C—O 键可以结合转变成 C—H 键，所以其含量要高于 40：1 失活样的 C—H 单键含量。

3 号峰可能为 C—O 碳氧单键，从表中可以明显看出，1：1 失活样的 C—O 碳氧单键的含量要比 40：1 失活样的含量高，这可能是因为 1：1 失活样中的 4—COOH 键断裂生成—OH 氢氧双键，它与催化剂上的 C—C 键可以结合转变成 C—H 和 C—O 键，所以其含量要高于 40：1 失活样的 C—O 单键含量。

（3）比较 40：1 和 1：1 条件下失活样 Fe2p 扫描图，两个样品的 Fe2p 扫描图上的铁和含铁基团峰的结合能位置如表 6 – 10 和表 6 – 11 所示，Fe2p 扫描图的分析主要集中了四个峰。

1 号峰为 $FeSO_4$/铁的硫酸盐：根据表 6 – 11 中数据所示，1：1 失活样上的 $FeSO_4$/铁的硫酸盐含量明显高于 40：1 失活样上的含量，这说明当 CS_2 浓度增大、COS 浓度减小时，铁的氧化物会快速参与反应，大部分已经转化成了硫酸盐的形式，反应比较完全。2 号峰为伴峰，在这里不做讨论。

40：1 失活样上的 3 号峰可能为 Fe_2O_3/Fe_3O_4，而 1：1 失活样上没有 Fe_2O_3/Fe_3O_4 的发现，这说明 1：1 失活样上的 Fe_2O_3/Fe_3O_4 已经完全参与了反应，全部转化成了硫酸盐，所以 1：1 失活样上没有 Fe_2O_3/Fe_3O_4 的存在。4 号峰也是伴峰，在这里不做讨论。

（4）比较 1：1 和 40：1 失活样的 S2p 扫描图，两个样品的 S2p 扫描图上的硫和含硫基团峰的结合能位置如表 6 – 10 和表 6 – 11 所示，S2p 扫描图的分析主要集中了 4 ~ 6 个峰。由于两种条件下失活催化剂上 S2p 的形态并不完全一样，所以分别进行讨论。

其中，40：1 失活样的 S2p 的形态在前文中已有详细的分析，在这里不再进行重复，其主要特点是包含单质硫、RSOR、SO_4^{2-}/硫酸盐和吸附态的 CS_2。而 1：1 失活样的 S2p 的形态与之有所不同。首先 1：1 失活样上的 1 号峰为单质硫，但其含量明显低于 40∶1 失活样的单质硫含量。这是因为 1∶1 条件下，大部分单质硫能比较彻底的转化成硫酸盐或者其他产物。

1∶1 失活样的 2 号峰的结合能均在 165.27eV 附近，可能属于 RSOR 形态，随着反应的继续发生，这种物质可能会进一步氧化成硫酸盐的形态。而这两种催化剂上的 RSOR 含量也有着明显的差异，相比 40∶1 失活样，1∶1 失活样的 RSOR 含量更低，仅为 0.109%，这是因为 1∶1 条件下，这种形态的物质可能会进一步氧化成其他形态或者硫酸盐的形态。

1∶1 失活催化剂上 3～5 号峰的结合能在 168.5eV、169.0eV 和 169.5eV 附近，这些物质都应该为 SO_4^{2-}/硫酸盐，与 40∶1 失活样不同的是，1∶1 失活样上的 SO_4^{2-}/硫酸盐种类比较复杂，由于这些物质的结合能相近，无法准确判断具体种类。这说明催化剂上的金属氧化物均参与了反应，产生了不同种类的硫酸盐物种，且总的含量要比 40∶1 失活样的高。

1∶1 失活样的 6 号峰为 RSO_2R，而 40∶1 失活样上没有发现这种物质的存在，这是因为，1∶1 条件下单质硫、RSOR 等物质更容易被进一步氧化，生成含氧更高的产物 RSO_2R，但由于 CS₂ 的浓度过高，其水解还会产生大量的 COS，它们不能完全被催化水解，却以其他形态附着在催化剂表面，这些限制因素导致这种产物无法进一步被氧化。以上结果表明，当 COS/CS₂ 浓度比为 1∶1 时，催化剂失活较快的原因不仅仅是因为水解产物硫酸盐的生成，还因为 CS₂ 水解的中间产物 COS 以其他形态覆盖在催化剂表面，导致催化剂的快速失活。

6.4　改性微波活性炭同时脱除 COS 和 CS₂ 的机理分析

6.4.1　实验和表征结果分析

COS 和 CS₂ 在 Fe－Cu－Ni/MCSAC 催化剂上同时催化水解的反应机理是在基于以下实验结果的前提下推断出的。

（1）不同的工艺条件下，催化剂的催化水解活性也是不同的。首先，随着反应温度的升高，COS 的转化率也随之升高，而对于 CS₂ 催化水解而言，随着反应温度从 30℃ 升高到 70℃，其转化率呈现先增加后减小的趋势。COS 和 CS₂ 的催化水解活性随着相对湿度的增加呈先增加后减小的趋势，存在最佳的相对湿度为 RH＝32%。O₂ 的引入使 COS 的催化水解效率有所下降，且随着氧含量的增加，COS 的脱除效率逐渐降低。而少量的氧气引入有利于 CS₂ 的催化水解，但是过高的氧含量也会抑制 CS₂ 的水解效率。随着 COS 和 CS₂ 的进口浓度比从 40∶1 下降到 1∶1，催化剂同时催化水解效率也随之下降。以上实验结果表明，不同的工艺条件直接影响了催化水解反应过程的发生，其反应速率、水解产物 H_2S 被氧化后所得产物的种类及含量、产物产生的先后顺序都有所不同。故机理研究中务必以工艺条件的影响为基础。

（2）研究发现，水洗 + N₂ 加热吹扫 + 浸碱（碱洗）再生方法的再生效果最佳，首先，通过对失活催化剂的水洗将催化剂表面少量的硫酸盐和单质硫洗去。第二步，N₂ 加热吹扫可以使部分硫酸盐分解生成 SO₂ 气体脱除，使催化剂表面恢复活性组分 Fe₂O₃ 的形式，最后浸渍 KOH 溶液则为了提供水解反应所需的碱性基团，因为催化水解反应消耗了大量的碱性官能团，而前两步中的水洗和 N₂ 加热吹扫也会使残留在催化剂表面的碱性基团消耗掉，所以要进行浸碱处理。在这种再生方式下所得的催化剂的结构组成是最接近于新鲜催化剂的，所以其活性恢复最为明显。催化剂的再生方法研究也是探索催化剂失活原因的路径之一，为同时催化水解反应机理提供理论依据。

（3）根据 SEM/EDS 表征结果可知，新鲜样和失活样的表面形貌确实存在一定的差异，主要是由于失活前后催化剂表面的产物变化所导致的。EDS 分析结果表明，失活催化剂上 S 含量的增加是由于失活催化剂表面生成单质 S 或者硫酸盐，因此，催化剂失活后，反应生成的水解产物 H₂S 会被氧化成硫酸盐等物质，这些产物覆盖在催化剂表面导致催化剂的失活。

（4）利用 X 射线光电子能谱仪（XPS）表征能够观察到催化剂在不同条件下失活样品表面元素的组成形式以及价态的变化趋势。其结果表明，失活催化剂上 S2p 物种可以显示出失活样品表面上的产物及其这些物质的含量，总体来说，这些产物包括以下几种：单质硫、RSOR、RSO₂R、RSO₂OR、SO₄²⁻/硫酸盐、吸附态的 CS₂ 和 COS、其他物质。不同的工艺条件下会导致这些产物含量的变化，因此改性微波活性炭同时脱除 COS 和 CS₂ 的反应过程大致为：水解过程和氧化过程，COS 和 CS₂ 会被不断地催化水解生成 H₂S，而 H₂S 则会被氧化最终形成硫酸盐。

6.4.2　改性微波活性炭同时脱除 COS、CS₂ 反应机理的提出

根据以上提出的四点实验结果和表征分析结果，本研究对 COS 和 CS₂ 在改性微波椰壳活性炭上的反应机理做出推断，其中，反应温度范围为 30～70℃，另外，因为微波煤质活性炭和微波椰壳活性炭催化剂材料均为微波活性炭，虽然其活性有所差别，但是 COS 和 CS₂ 在两者上的反应机理本质上大致相同，所以，在进行机理分析讨论过程中统称为改性微波活性炭催化剂。改性微波活性炭催化剂上的活性组分包括 Fe、Cu、Ni 的复合金属氧化物，虽然在反应过程的谈论中不能因为 Fe 的含量较多而仅仅考虑 Fe₂O₃ 作为活性组分的反应，但由于复合金属氧化物与 COS 和 CS₂ 的反应较为复杂，所以，机理分析中主要对 Fe₂O₃ 的反应加以推导，其他活性组分的反应与之类似。

目前，国内外大多数研究认为，常压低温条件下 COS 和 CS₂ 水解反应属于

不可逆的反应，也就是 COS 和 CS$_2$ 水解反应产物 CO$_2$ 和 H$_2$S 在催化剂表面的化学吸附和水解反应的逆反应都是可以忽略的。与此同时，对于 COS 和 CS$_2$ 的催化水解反应机理有两种假设，一种假设认为反应中的 H$_2$O 吸附在催化剂表面，COS 和 CS$_2$ 与吸附态的水发生反应，即 Eley - Rideal 机理；另一种假设即 Langmuri - Hinshelwood 机理，该机理认为 COS 和 CS$_2$ 吸附在催化剂的表面，而吸附态的 COS 和 CS$_2$ 与 H$_2$O 进行反应。但是以上机理的提出都是在 COS 和 CS$_2$ 单独催化水解的前提下提出的。针对研究中同时催化水解 COS 和 CS$_2$ 过程来说是否适用，尚未得出十分确切的结论。

针对同时催化水解 COS 和 CS$_2$ 体系来说，CS$_2$ 催化水解会产生水解中间产物 COS，COS 和 CS$_2$ 的催化水解又是同时进行的，所以不能忽略二者之间的联系。在这个体系之下，究竟谁会吸附在催化剂表面成为吸附态物质，具体的反应过程究竟是什么，本研究根据 BET、XPS、SEM/EDS、再生分析等结果对在改性微波活性炭上 COS 和 CS$_2$ 同时脱除的反应机理进行了如下的推断：

在改性微波活性炭上 COS 和 CS$_2$ 的同时脱除过程主要分为两步：一是 COS 和 CS$_2$ 的水解反应过程，二是 COS 和 CS$_2$ 的水解产物 H$_2$S 的氧化反应过程。COS 和 CS$_2$ 会被不断地催化水解生成 H$_2$S（CS$_2$ 催化水解的中间体含有 COS，但是作为该过程中间体的 COS 同样会被进一步水解为 H$_2$S），而 H$_2$S 则会被氧化最终形成硫酸盐。

其中水解过程中 COS、H$_2$O 和 CS$_2$ 的吸附顺序目前是无法获知的，但通过表征分析可以推测，无水或者水含量较低的条件下，CS$_2$ 会与 H$_2$O 首先同时吸附在催化剂表面上，COS 则不易被吸附，所以在无水或者水含量较低的条件下（RH＝49%），CS$_2$ 和 H$_2$O 首先被吸附在催化剂表面，然后在碱性基团和活性组分的作用下发生催化水解反应，而大部分 COS 直接与吸附在催化剂上吸附态的 H$_2$O 在碱性基团和活性组分的作用下发生反应，也有可能少量的 COS 吸附在催化剂表面，与吸附态的 H$_2$O 在碱性基团和活性组分的作用下发生反应，但是其反应较快，表征分析难以捕捉其信息。此时，吸附态的 CS$_2$ 与吸附态的 H$_2$O 在催化剂表面的催化水解反应是反应的控制步骤。但是在水含量较高的条件下，CS$_2$ 则不容易被吸附在催化剂表面，相反 COS 较易被吸附，所以在水含量较高条件下的情形与无水或水含量较低下的情形刚好相反。除此之外，当 COS/CS$_2$ 进口浓度比降低时，催化剂的失活原因除了硫酸盐的沉积之外，还可能由于 CS$_2$ 浓度较高，其水解中间体 COS 在催化剂表面发生变化生成大量 C═O 碳氧双键覆盖催化剂所致。

对于有氧条件下，水解产物 H$_2$S 的氧化过程而言，H$_2$S 被氧化的大致过程可以归纳为：H$_2$S→单质硫/RSOR→RSO$_2$R→RSO$_2$OR→SO$_4^{2-}$/硫酸盐。当然，氧化反应的整个过程是错综复杂的，这些物质的形态转化也相对比较复杂，受各种条件的影响制约。与此同时，随着反应的进行，催化剂表面不断生成硫酸盐或者亚硫酸盐，这些物质占据了催化剂表面大量的活性位，催化剂表面的碱性基团数量也随之减少，最终导致了催化剂的失活。

催化剂上可能发生的主要反应有：

$$H_2O + * \Longrightarrow H_2O^* \tag{6-1}$$

$$CS_2 + * \Longrightarrow CS_2^* \tag{6-2}$$

$$CS_2 + Fe_2O_3 \longrightarrow Fe_2O_3 \cdot CS_2^* \tag{6-3}$$

$$COS + * \Longrightarrow COS^* \tag{6-4}$$

$$COS + Fe_2O_3 \longrightarrow Fe_2O_3 \cdot COS^* \tag{6-5}$$

$$2H_2O^* + Fe_2O_3 \cdot CS_2^* \Longrightarrow Fe_2O_3 \cdot 2H_2S^* + CO_2^* \tag{6-6}$$

$$H_2O^* + 2Fe_2O_3 \cdot CS_2^* \Longrightarrow Fe_2O_3 \cdot COS^* + Fe_2O_3 \cdot H_2S^* \tag{6-7}$$

$$H_2O^* + Fe_2O_3 \cdot COS^* \Longrightarrow Fe_2O_3 \cdot H_2S^* + CO_2^* \tag{6-8}$$

$$H_2O^* + COS(g) \Longrightarrow H_2S^* + CO_2(g) \tag{6-9}$$

$$CO_2^* \Longrightarrow CO_2 + * \tag{6-10}$$

$$Fe_2O_3 \cdot H_2S^* + \Theta \Longrightarrow Fe_2O_3 \cdot H_2S - \Theta + * \tag{6-11}$$

$$\frac{1}{2}O_2 + \Longrightarrow O - \Theta \tag{6-12}$$

$$Fe_2O_3 \cdot H_2S - \Theta + O - \Theta \Longrightarrow H_2O - \Theta + Fe_2O_3 \cdot S - \Theta \tag{6-13}$$

$$Fe_2O_3 \cdot S - \Theta + 3O - \Theta + H_2O - \Theta \Longrightarrow SO_4^{2-} + 5\Theta + 2H^+ + Fe_2O_3 \tag{6-14}$$

$$Fe_2O_3 + 3SO_4^{2-} + 3H^+ \Longrightarrow Fe_2(SO_4)_3 + 3H_2O \tag{6-15}$$

除以上反应之外，很多产物的种类无法确定，只能通过其大概形态进行推导，因此还有可能发生的中间反应有：

$$RSOR - \Theta + O - \Theta \Longrightarrow RSO_2R + 2\Theta \tag{6-16}$$

$$RSO_2R - \Theta + O - \Theta \Longrightarrow RSO_2OR + 2\Theta \tag{6-17}$$

$$4RSO_2OR - \Theta + O - \Theta + 3H_2O - \Theta \Longrightarrow 4SO_4^{2-} + \Theta + 6H^+ + 8R \tag{6-18}$$

式中，"$*$"代表催化剂的水解活性中心；"Θ"代表催化剂的氧化活性中心。

其中反应式（6-1）～式（6-10）是水解反应步骤，式（6-11）～式（6-18）是水解产物 H_2S 的氧化反应步骤。因为活性组分中 Fe_2O_3 的含量较高，所以上述反应式中的活性组分是以 Fe_2O_3 为代表来推导的，其他活性组分的反应与之相似，在此不进行重复。

6.5 本章小结

（1）实验对新鲜样、失活样和再生一次样进行了 N_2 吸附等温线、比表面积及孔结构表征，结果表明，新鲜样的 N_2 吸附等温线累积吸附量较大，且具有最大的比表面积，在 3.0~4.5nm 的范围内，其孔分布要多于失活后的催化剂。而失活样的 N_2 吸附等温线累积吸附量、比表面积、总孔体积和微孔体积都有所下降，同时失活样在微孔分布中同样是最少的。经过再生一次后的样品，其 N_2 吸附等温线累积吸附量、比表面积、总孔体积和微孔体积都得到了有效恢复，这些结果表明，比表面积和微孔体积的有效恢复对催化剂同时催化水解 COS 和 CS_2 起到了有效的作用。

（2）SEM/EDS 表征分析可知，新鲜样和失活样的表面形貌存在着一定的差异，这是由于失活前后催化剂表面的产物变化所导致的。EDS 分析表明，失活催化剂上 S 含量的增加是由于失活催化剂表面生成单质 S 或者硫酸盐。催化剂失活后，水解产物 H_2S 会被氧化成硫酸盐等物质，这些产物覆盖在催化剂表面导致催化剂的失活。

（3）利用 X 射线光电子能谱仪（XPS）表征能够观察到催化剂在不同条件下失活样品表面元素的组成形式以及价态的变化趋势。其结果表明，失活催化剂上 S2p 物种可以显示出以下几种形态：单质硫、RSOR、SO_4^{2-}/硫酸盐、RSO_2R、RSO_2OR、吸附态的 CS_2 和 COS、其他产物。与此同时，当 COS/CS_2 进口浓度比降低时，COS 在催化剂表面发生变化生成大量 $C = O$ 碳氧双键覆盖催化剂。这些结论的推断为催化水解反应机理的探索提供了理论依据。

（4）根据 BET、XPS、SEM/EDS、再生分析等结果对在改性微波活性炭上 COS 和 CS_2 同时脱除的反应机理进行了如下推断：改性微波活性炭同时脱除 COS 和 CS_2 的反应过程主要分为两步：一是 COS 和 CS_2 的水解反应过程。二是水解产物 H_2S 的氧化反应过程。COS 和 CS_2 会被不断地催化水解生成 H_2S，而 H_2S 则会被氧化最终形成硫酸盐。

通过表征分析可以推测，在无水或者水含量较低的条件下，CS_2 和 H_2O 首先被吸附在催化剂表面，然后在碱性基团和活性组分的作用下发生催化水解反应，而大多数 COS 直接与吸附在催化剂上吸附态的 H_2O 在碱性基团和活性组分的作用下发生反应，也有可能少量的 COS 吸附在催化剂表面，与吸附态的 H_2O 在碱性基团和活性组分的作用下发生反应，但是其反应较快。在水含量较高的条件下，COS 和 H_2O 首先被吸附在催化剂表面发生水解反应，CS_2 则没有或者较少被吸附在催化剂表面，直接与吸附在催化剂上吸附态的 H_2O 发生水解反应。水解产物 H_2S 的氧化过程可以大致归纳为：$H_2S \rightarrow$ 单质硫/RSOR $\rightarrow RSO_2R \rightarrow RSO_2OR \rightarrow SO_4^{2-}$/硫酸盐。与此同时，随着反应的进行，催化剂表面生成的硫酸盐含量不断增多，占据了催化剂表面大量的活性位，破坏了催化剂表面的碱性基团，同时由于活性组分的不断减少，最终导致了催化剂的失活。

7 结论及建议

7.1 研究结论

（1）以微波煤质活性炭为载体，采用溶胶凝胶法制备出一系列负载型催化剂，考察了单一活性组分种类、单一组分含量、焙烧条件、碱种类、碱含量、二元组分种类、二元组分含量、三元组分种类、三元组分含量等因素对催化剂同时催化水解 COS 和 CS_2 的影响。得出了微波煤质活性炭催化剂的最佳制备条件和最佳活性组分配方：其中，Fe_2O_3 的质量分数为 5%，Fe：Cu：Ni 摩尔比为 10：2：0.5，300℃下焙烧 3h（以空气为载气），最后将焙烧后的催化剂浸渍质量分数为 13% 的 KOH。工艺条件的影响结果为：过高的反应温度（ >50℃）能够促进 COS 的水解效率，但是却抑制 CS_2 的水解反应；过高的相对湿度和氧含量会导致更多硫酸盐的快速形成，不利于催化水解反应的进行；当进口浓度比 COS/CS_2 从 40：1 降低到 3：1 时，COS 和 CS_2 的同时催化水解活性会明显下降。

（2）对比了微波煤质活性炭和微波椰壳活性炭空白载体同时催化水解 COS 和 CS_2 的活性效果，结果表明，空白微波椰壳活性炭活性较高。与此同时，对比了 Fe – Cu – Ni/MCAC 和 Fe – Cu – Ni/MCSAC 两种催化剂的活性，结果表明，Fe – Cu – Ni/MCSAC 同时催化水解活性较高。材料表征结果显示，较高的比表面积和较多的微孔/介孔（0.3 ~ 1.2nm 和 3.5 ~ 4.0nm 范围内的孔）对 COS 和 CS_2 的同时催化水解起到了主要的作用；改性微波煤质活性炭的制备过程中活性炭上自带的硫的氧化物更易与 K 和 Na 等元素反应，生成混合硫酸盐 K_3Na（SO_4）$_2$，不利于催化水解反应的发生。

工艺条件对 Fe – Cu – Ni/MCSAC 催化剂的水解活性影响表明：随着反应温度的升高，催化剂的工作硫容逐渐增加，但是当反应温度超过 50℃ 时，催化剂的硫容增加幅度并不是很明显；当相对湿度为 32% 时，催化剂的工作硫容最大，随着相对湿度的不断增大，催化剂的工作硫容随之下降；当氧含量为 0% 时，催化剂的工作硫容最大，随着氧含量的不断增大，催化剂的工作硫容随之下降，但是催化剂能够比较适应低含量氧的条件；Fe – Cu – Ni/MCSAC 催化剂在 8000 ~ 20000/h 空速范围内较为稳定；随着 COS 和 CS_2 进口浓度比的不断减小，催化剂的工作硫容随之下降。

（3）将 CO 代替 N_2 作为载气，考察了 Fe – Cu – Ni/MCSAC 催化剂同时催化

水解 COS 和 CS$_2$ 的活性，结果显示，催化剂 Fe－Cu－Ni/MCSAC 在 CO 气氛下的 COS 和 CS$_2$ 催化水解活性均低于 N$_2$ 气氛下的活性，但是总体看下降趋势并不十分明显，所以 CO 气氛虽然会影响催化剂的水解活性，但是影响较为有限。

与此同时，实验考察了不同 H$_2$S 浓度对 Fe－Cu－Ni/MCSAC 催化剂同时催化水解 COS 和 CS$_2$ 的活性影响。结果表明，当 H$_2$S 气体引入到反应体系中，催化剂的水解活性有所下降，并且随着 H$_2$S 浓度的增加，COS 和 CS$_2$ 的脱除效率下降越为明显，但是当 H$_2$S 的浓度较小时（70mg/m^3），催化剂的催化水解活性下降趋势较小，这说明低浓度的 H$_2$S 对 COS 和 CS$_2$ 同时催化水解反应影响较小。

（4）实验对失活 Fe－Cu－Ni/MCSAC 催化剂的再生进行了较为系统的研究，研究表明，"水洗＋N$_2$ 加热吹扫＋浸碱（碱洗）"方法的再生效果是最佳的，其中，N$_2$ 加热吹扫条件为500℃下吹扫3h，浸渍 KOH 质量分数为13%。这种再生方法的过程为：首先，通过对失活催化剂的水洗将催化剂表面少量的硫酸盐和单质硫洗去，N$_2$ 加热吹扫可以使部分硫酸盐和亚硫酸盐分解生成 SO$_2$ 气体脱除，使催化剂表面的活性组分 Fe$_2$O$_3$ 得以恢复，浸渍 KOH 溶液则为了提供水解反应所需的碱性基团，在这种再生方式下所得的催化剂最接近于新鲜催化剂，所以其活性恢复最为明显。

实验研究了上述再生方法所得催化剂的稳定性，研究表明，随着再生次数的增加，催化剂的活性也逐渐下降，但是其影响是有限的。由此可知，该再生方法对失活 Fe－Cu－Ni/MCSAC 催化剂的处理是可行的，此种再生方法具有较好的稳定性。

（5）采用幂函数作为动力学等效模型对 COS 和 CS$_2$ 催化水解反应动力学进行了数据分析和拟合，分别得到了 COS 和 CS$_2$ 的水解反应动力学方程式，二者反应动力学方程式分别为：

$$-r_{COS} = 3.3 \times 10^6 \exp\left(\frac{-23.44}{RT}\right) P_{COS}^{1.0535} P_{H_2O}^{-0.0015}$$

和

$$-r_{CS_2} = 2.26 \times 10^7 \exp\left(\frac{-29.797}{RT}\right) P_{CS_2}^{0.9727} P_{H_2O}^{-0.11}$$

在分别得到 COS 和 CS$_2$ 催化水解反应动力学方程式的基础上，通过二者之间的关系和对反应过程的推断，对同时催化水解反应动力学方程进行了推导。同时催化水解 COS 和 CS$_2$ 的反应动力学方程为：

$$-r = 3.3 \times 10^6 \exp\left(\frac{-23.44}{RT}\right) P_{COS}^{1.0535} P_{H_2O}^{-0.0015} + 7.458 \times 10^{13}$$

$$\exp\left(\frac{-53.237}{RT}\right) P_{CS_2}^{0.9727} \cdot P_{H_2O}^{-0.0015} \cdot P_{H_2O}^{-0.11}$$

实验对实际测得的同时催化水解反应速率与上述推导出的动力学方程计算所得的同时催化水解反应速率进行了对比验证。结果表明，随着 COS 和 CS$_2$ 的进口浓度比从 40：1 下降到 1：1，实际反应速率与计算反应速率的相对误差随之增大。但是二者误差一直保持在 5% 以内，误差并不是十分明显。所以，实验拟合出的同时催化水解 COS 和 CS_2 的反应动力学方程式是适用的。

（6）根据催化剂活性评价、工艺条件影响实验、BET、XPS、EDS 等表征、再生分析结果，提出了在改性微波活性炭同时脱除 COS 和 CS_2 的反应机理：在改性微波活性炭上 COS 和 CS_2 的同时脱除过程分为 COS 和 CS_2 的水解反应过程和水解产物 H_2S 的氧化反应过程。COS 和 CS_2 会被不断地催化水解生成 H_2S（CS_2 催化水解的中间体含有 COS，但是作为该过程中间体的 COS 同样会被进一步水解为 H_2S），而 H_2S 则会被氧化，最终形成硫酸盐。

对于 COS 和 CS_2 的水解过程而言，在无水或者水含量较低（书中的 RH = 49%）的条件下，CS_2 和 H_2O 首先被吸附在催化剂表面，在碱性基团和活性组分的作用下发生催化水解反应，而大多数 COS 直接与吸附在催化剂上吸附态的 H_2O 在碱性基团和活性组分的作用下发生反应，也有可能少量 COS 吸附在催化剂表面，与吸附态的 H_2O 在碱性基团和活性组分的作用下发生反应，但是其反应较快。而在水含量较高的条件下（书中的 RH = 96%），COS 和 H_2O 首先被吸附在催化剂表面发生水解反应，而 CS_2 则没有或者较少被吸附在催化剂表面，直接与吸附在催化剂上吸附态的 H_2O 发生水解反应。

对于水解产物 H_2S 的氧化过程而言，其过程可以大致归纳为：$H_2S \rightarrow$ 单质硫/$RSOR \rightarrow RSO_2R \rightarrow RSO_2OR \rightarrow SO_4^{2-}$/硫酸盐。与此同时，随着反应的进行，催化剂表面生成的硫酸盐含量不断增多，占据了催化剂表面大量的活性位，破坏了催化剂表面的碱性基团，同时由于活性组分的不断减少，最终导致了催化剂的失活。

7.2 建议

（1）建议在本课题研究的后续工作中考察更加复杂气氛下催化剂同时脱除 COS 和 CS_2 的效果，在此基础上进行中试实验，对催化剂的制备以及工艺条件进行进一步优化。最后开展现场实验，考察本研究中所开发的改性微波活性炭催化剂在实际黄磷尾气中的净化效果和规律。

（2）在实验条件允许的前提下，利用原位红外光谱、质谱等先进仪器手段，通过改变反应条件观测反应过程中的吸收光谱变化情况，由此掌握更多的瞬时化学反应、吸附/脱附过程细节，经特征峰位归属分析，推测中间物种的种类、形式及生灭规律、演变历程等，结合已有的研究结果，确定重要反应参数和路线，从而更加清晰的阐明反应机理。

参 考 文 献

［1］吴洪波，王晓，陈建民，等．羰基硫与气溶胶典型组分的复相反应机制［J］．科学通报，2004，49（8）：739～743.

［2］刘永春，刘俊锋，贺泓，等．羰基硫在矿质氧化物上的非均相氧化反应［J］．科学通报，2007，52（5）：525～532.

［3］张峰．COS在氧化物上的反应研究［D］．上海：复旦大学：2003.

［4］余春，上官炬，梁丽彤，等．TiO_2和V_2O_5改性Al_2O_3催化剂催化有机硫化物水解的性能［J］．石油化工，2009，38（4）：384～388.

［5］朱世勇．环境与工业气体净化技术［M］．北京：化学工业出版社，2001.

［6］王琳，张峰，宋国新，等．CS_2在大气颗粒物表面上的催化氧化反应研究［J］．宁夏大学学报（自然科学版），2001，22（2）：169～171.

［7］Li X H，Liu J S，Wang J D，et al．Biogeochemical cycle of Sulfer in the Calamagrostis angustifolia wetland ecosystem in the Sanjiang Plain，China［J］．Acta Ecologica Sinica，2007，27（6）：2199～2207.

［8］邱晓林．炼油厂LPG脱硫技术新进展［J］．化工进展，2000，20（20）：55～59.

［9］梁丽彤．改性氧化铝基高浓度羰基硫水解催化剂研究［D］．太原：太原理工大学：2005.

［10］何丹，易红宏，唐晓龙，等．低温催化水解二硫化碳技术的研究进展［J］．化学工业与工程，2011，28（3）：62～66.

［11］汪海涛，胡长江，牟玉静．二硫化碳气体近紫外吸收截面积测定［J］．光谱学与光谱分析，2009，29（6）：1586～1589.

［12］金谷大．化纤行业废气的污染及治理［J］．环境保护，1994，15（10）：19～21.

［13］Todd J T，Mark C．New sulfur adsorbents derived from layered double hydroxides Ⅱ：DRIFTS study of COS and H_2S adsorption［J］．Applied Catalysis B：Environmental，2008，82（3～4）：199～207.

［14］Sparks D E，Morgan T，Patterson P M，et al．New sulfur adsorbents derived from layered double hydroxides Ⅰ：Synthesis and COS adsorption［J］．Applied Catalysis B：Environmental，2008，82（3～4）：190～198.

［15］郭波，李春虎，谢克昌．活性炭吸附二硫化碳的红外研究［J］．煤炭转化，2004（1）：54～57.

［16］孔渝华，王国兴，王先厚，等．常温精脱硫工艺的新进展及其应用［J］．中氮肥，1995（2）：8～12.

［17］Andrew R B，Victoria S H．Review of the toxicology of carbonyl sulfide，a new grain fumigant［J］．Food and Chemical Toxicology，2005，43（12）：1687～1701.

［18］杨克敌，陈国元，王光祖，等．二硫化碳致畸作用及其机理的研究［J］．中国公共卫生学报，1993，12（3）：177～180.

[19] 陈国元，杨克敌，张招弟，等. 二硫化碳对大鼠 F. 2 代后遗影响的研究 [J]. 同济医科大学学报，1991，20（1）：55～58.

[20] 贾丽丽，胡典明，孔渝华. 脱除二氧化硫的研究进展 [J]. 辽宁化工，2008，3（3）：184～186.

[21] 王红妍. 类水滑石衍生复合氧化物催化水解 COS 研究 [D]. 昆明：昆明理工大学：2011.

[22] 周之江. 二硫化碳生产 [M]. 北京：纺织工业出版社，1982.

[23] 刘亚敏. 微波改性活性炭及微波解吸二硫化碳工艺研究 [D]. 南昌：南昌大学：2007.

[24] 王晓鹏. 中温二硫化碳水解催化剂制备及其动力学研究 [D]. 太原：太原理工大学：2007.

[25] Paris D, Svoronos N, Thomas J B. Carbonly sulfide：a review of its chemistry and properties [J]. Industrial and Engineering Chemistry Research, 2002, 41：5321～5336.

[26] Hinderaker G, Orville C S. Absorption of Carbonyl Sulfide In Aqueos Diethe – nolamine [J]. Chemical Engineering Science, 2002, 55：513～518.

[27] Little R J, Versteeg G F, Van Swaaij W P M. Kinetic study of COS with tertiary alkanolamine solutions. I. Experiments in an intensely stirred batch reactor [J]. Industrial and Engineering Chemistry Research, 1992, 31：1262～1269.

[28] 陈杰，李春虎，赵伟，等. 羰基硫水解转化脱除技术及面临的挑战 [J]. 现代化工，2005，25（增刊）：293～295.

[29] 王丽，吴迪镛，王树东，等. 稀土氧化物 CeO_2 脱除二硫化碳的研究 [D]. 上海：中国科学院上海冶金研究所：2000.

[30] Aboulayt A, Mauge F, Hoggan P E, et al. Combined FTIR reactivity and quantum chemistry investigation of COS hydrolysis at metal oxide surfaces used to compare hydroxyl group basicity [J]. Catalysis Letters, 1996, 39（3～4）：213～218.

[31] West J, William B P, Young N C, et al. Ni – and Zn – Promotion of γ – Al_2O_3 for the hydrolysis of COS under mild conditions [J]. Catalysis communications, 2001, 2（3～4）：135～138.

[32] Bachelier J, Aboulayt A, Lavalley J C, et al. Activity of Different Metal Oxides Towards COS Hydrolysis. Effect of SO_2 and Sulfation [J]. Catalysis Today, 1993, 17（1～2）：55～62.

[33] Laperdrix E, Justin I, Costentin G, et al. Comparative study of CS_2 hydrolysis catalyzed by alumina and titania [J]. Applied Catalysis B：Environmental, 1998, 17（1～2）：167～173.

[34] Lee S C, Snodgrass M J, Park M K, et al. Kinetics of Remoavl of Carobonyl Sulfide by Aqueous Monoethanolmaine [J]. Environmental Science and Technology, 2001, 35（11）：2352～2357.

[35] Dalleska N F, Colussi A J, Hyldahl A M, et al. Rate and mechanism of carbonyl sulfide oxidation by peroxides in concentrated sulfuric acid [J]. The Journal of Physical Chemistry A, 2000, 104（46）：10794～10796.

［36］李秀平. CO 气氛中高浓度 COS 水解转化的研究［D］. 青岛：中国海洋大学：2007.

［37］王会娜，上官炬，王晓鹏，等. 羰基硫催化水解研究进展［J］. 工业催化，2007，15 （2）：18～21.

［38］Rhodes C，Riddle S，West J，et al. The low – temperature hydrolysis of carbonyl sulfide and carbon disulfide: A review［J］. Catalysis Today，2000，59（3）：443～464.

［39］王国兴，孔渝华，叶敬东，等. 活 性 炭 精 脱 硫 剂 及 制 备：CN：961180137 ［P］. 1996. 11. 13.

［40］杜彩霞. 有机硫加氢转化催化剂的使用［J］. 工业催化，2003，11（9）：13～17.

［41］黄洪发，许娟，裴进群，等. 有机硫加氢转化催化剂 CT16－1 的研究［J］. 石油与天然气化工，2006，35（6）：44～47.

［42］李新学，刘迎新，魏雄辉. 羰基硫脱除技术［J］. 现代化工，2004，24（8）：19～22.

［43］黄新伟，王国兴，叶敬东. 不同活性炭精脱 H_2S 和 COS 性能比较［J］. 化工设计通讯，1995，21（4）12～14：41.

［44］王祥光. COS、CS_2 水解技术［J］. 小氮肥设计，2005，26（5）：1～8.

［45］赵海，王芳芳，伍星亮，等. 复合金属氧化物脱除羰基硫的研究［J］. 煤炭转化，2007，30（2）：31～35.

［46］Clark P D，Dowling N I，Hvuang M. Conversion of CS_2 and COS over alumina and titania under Claus process conditions：reaction with H_2O and SO_2［J］. Applied Catalysis B：Environmental，2001，31：107～112.

［47］张益群，肖忠斌，马建新，等. O_2 和 SO_2 对稀土氧硫化物上羰基硫水解反应的影响［J］. 复旦学报，2003，42（3）：379～380.

［48］肖忠斌，张益群，马建新，等. 硫化稀土氧硫化物上羰基硫水解反应的研究［J］. 复旦学报，2003，42（3）：372～374.

［49］张益群，肖忠斌，马建新，等. 稀土氧硫化物上的羰基硫水解反应［J］. 高等学校化学学报，2004，25（4）：721～724.

［50］赵传军，黄吉，陈井轩，等. 水煤气、半水煤气系统气体脱硫影响因素［J］. 气体净化，2006，6（4）：13～16.

［51］王丽，李福林，吴迪铺，等. 低温催化水解二硫化碳的研究［J］. 天然气化工，2005，30：1～5.

［52］Erik C R，Evan J G，Dennis C S. Catalytic formation of carbonyl sulfide during warm gas clean – up of simulated coal – derived fuel gas with $Pd/\gamma – Al_2O_3$ sorbents，Fuel，2012，92：211～215.

［53］肖建华，彭勇，肖安陆. COS、CS_2 低、常温水解脱除技术进展［J］. 气体净化，2004，4（1）：2～5.

［54］Sasaoka E，Taniguchi K，Hirano S，et al. Catalytic Activity of ZnS Formed from Desulfurization Sorbent ZnO for Conversion of COS to H_2S［J］. Industrial and Engineering Chemistry Research，1995，34（4）：1102～1106.

［55］陈亚宾. NCT－Ⅱ型有机硫水解催化剂的研制［J］. 化学工业与工程技术，1997，18

（3）：9～11.

［56］ Yue Y, Zhao X, Hua W, et al. Nanosized titania and zirconia as catalysts for hydrolysis of carbon disulfide ［J］. Applied Catalysis B：Environmental, 2003, 46：561～572.

［57］ 金国杰，樊惠玲，上官炬，等. 活性炭对二硫化碳和水的共吸附动力学的热重研究 ［J］. 环境科学学报，1999，19（4）：379～381.

［58］ 张金昌，李学令，王树东，等. 改性活性炭低温脱除COS的实验研究 ［J］. 辽宁化工，1998，27（2）：102～104.

［59］ He D, Yi H H, Tang X L, et al. Carbon disulfide hydrolysis over Fe – Cu/AC catalyst modified by cerium and lanthanum at low temperature ［J］. Journal of Rare Earths, 2010, 28：343.

［60］ Yegiazarov Y, Clark J, Potapova L, et al. Adsorption – catalytic process for carbon disulfide removal from air ［J］. Catalysis Today, 2005, 102～103：242～247.

［61］ Fan H L, Li C H, Guo H X. A study on removal of organic sulfur compound with modified activated carbon ［J］. Journal of Natural Gas Chemistry, 1999, 8（2）：151～156.

［62］ Wang L, Wang S, Yuan Q, et al. Removal of carbon disulfide via coupled reactions on a bi – functional catalyst：Experimental and modeling results ［J］. Chemosphere, 2007, 69：1689～1694.

［63］ Yi H H, Yu L L, Tang X L, et al. Catalytic Hydrolysis of Carbonyl sulfide over Modified Coal – based Activated Carbons ［J］. Journal of central south university, 2010, 17：985～990.

［64］ 王红妍，易红宏，唐晓龙，等. 改性活性炭催化水解羰基硫 ［J］. 中南大学学报，2011，42（3）：848～852.

［65］ Tan S, Li C, Liang S, et al. Compensation effect in catalytic hydrolysis of carbonyl sulfide at lower temperature ［J］. Catalysis Letters, 1991,（8）：155～168.

［66］ Wang L, Guo Y, Lu G Z. Effect of activated carbon support on CS_2 removal over coupling catalysts ［J］. Journal of Natural Gas Chemistry, 2011, 20：397～402.

［67］ 于丽丽. 活性炭基催化水解羰基硫催化剂的筛选及动力学研究 ［D］. 昆明：昆明理工大学：2009.

［68］ Thomas B, Williams B P, Young N, et al. Ambient temperature hydrolysis of carbonyl sulfide usingγ – alumina catalysts：effect of calcination temperature and alkali doping ［J］. Catalysis Letters, 2003, 86（4）：201～205.

［69］ 柯明，许赛威，刘成翠，等. 常温羰基硫水解催化剂的研究进展 ［J］. 石油与天然气化工，2007，36（4）：271～274.

［70］ West J, Williams B P, Young C N, et al. New directions for COS hydrolysis：Low temperature alumina catalysts ［J］. Studies in Surface Science and Catalysis, 1998, 119：373～378.

［71］ Huang H M, Young N, Williams B P, et al. COS hydrolysis using zinc – promoted alumina catalysts ［J］. Catalysis Letters, 2005, 104（1～2）：17～21.

［72］ 黄镕. LYT – 511氧化钛基中温有机硫水解剂的开发与应用 ［C］. 贵阳：全国气体净化

信息站 2006 年技术交流会论文集，2006.

[73] Shang G J, Li C, Guo H. Hydrolysis of carbonyl sulfide and carbon disulfide over alumina based catalysts I. Study on activities of COS and CS_2 hydrolysis [J]. Journal of Natural Gas Chemistry, 1998, 7 (1): 24~30.

[74] Krishna K P. Reactivities of carbonyl sulfide (COS), carbon disulfide (CS_2) and carbon dioxide (CO_2) with transition metal complexes [J]. Coordination Chemistry Reviews, 1995, 140: 37~114.

[75] 严明佳，肖忠斌，张益群，等. LA/堇青石蜂窝状催化剂上 COS 的水解反应 [J]. 华东理工大学学报（自然科学版），2005, 31 (1): 130~132.

[76] Zhang Y Q, Xiao Z B, Ma J X. Hydrolysis of carbonyl sulfide over rare earth oxysulfides [J]. Applied Catalysis B: Environmental, 2004, 48: 57~63.

[77] Gu Y Q, Zhen G L, Wei C, et al. Reativty of Pt/Al_2O_3 and $Pt/CeO_2/Al_2O_3$ catalysts for partial oxidation of methane to syngas [J]. Journal of Natural Gas Chemistry, 1998, 7 (1): 31~37.

[78] Ning P, Yu L L, Yi H H, et al. Effect of Fe/Cu/Ce loading on the coal－based activated carbons for hydrolysis of carbonyl sulfide [J]. Journal of rare earth, 2010, 28 (2): 205.

[79] 毕研俊. Zn－Al 类水滑石制备及其吸附去除水中阴离子表面活性剂性能研究 [D]. 济南：山东大学，2007.

[80] 陈爱民. 新型氧化锰催化剂用于苯甲酸甲酯加氢反应的研究 [D]. 上海：复旦大学，2004.

[81] 王艳芹. MgAlFe 类水滑石制备及其对水体中苯酚和对硝基苯酚的吸附性能研究 [D]. 济南：山东大学，2006.

[82] Hu Q H, Xu Z P, Qiao S Z, et al. A novel color removal adsorbent from heterocoagulation of cationic and anionic clays [J]. Journal of Colloid and Interface Science, 2007, 308 (1): 191~199.

[83] Mikulova Z, Čuba P, Balabanova J, et al. Calcined Ni－Al Layered Double Hydroxide as a Catalyst for Total Oxidation of Volatile Organic Compounds: Effect of Precursor Crystallinity [J], Chemical Papers, 2007, 61 (2): 103~109.

[84] Andersson P－O F, Pirjamalil M, Jaras S G, et al. Cracking catalyst additives for sulfur removl from FCC gasoling [J]. Catalysis Today, 1999, 53 (4): 565~573.

[85] Greenwell H C, Stackhouse S, Coveney P V, et al. A Density Functional Theory Study of Catalytic trans－Esteriflcation by tert－Butoxide MgAl Anionic Clays [J]. The Journal of Physical Chemistry B, 2003, 107 (15): 3476~3485.

[86] Hibin T, Tsunashima A. Characterization of repeatedly reconstructed Mg－Al hydrotalcite－like compounds: gradual segregation of aluminum from the structure [J]. Chemistry of Materials, 1998, 10 (12): 4055~4061.

[87] Kooli F, Depege C, Ennaqadi A, et al. Rehydration of Zn－Al layered double hydroxides [J]. Clay and Clay Minerals, 1997, 45 (1): 92~98.

［88］ Wang H Y, Yi H H, Ning P, et al. Calcined Hydrotalcite – like Compounds as catalysts for Hydrolysis Carbonyl Sulfide at low temperature ［J］. Chemical Engineering Journal, 2011, 166: 99 ~ 104.

［89］ Wang H Y, Yi H H, Tang X L, et al. Catalytic hydrolysis of COS over CoNiAl mixed oxides modified by lanthanum ［J］. Fresenius Environmental Bulletin, 2010, 20 (3): 773 ~ 778.

［90］ Yi H H, Wang H Y, Tang X L, et al. Effect of Catalyst Composition on catalytic hydrolysis of COS ［J］. Asia – Pacific Power and Energy Engineering Conference (APPEEC2010), March 28 ~ 31, 2010, Chengdu, China.

［91］ Wang H Y, Yi H H, Tang X L, et al. Effect of preparation conditions and adding Cerium on catalytic hydrolysis of COS. The 4th International Conference on Management and Service Science (MASS 2010), August 24 ~ 26, 2010, Wuhan, China.

［92］ Yi H H, Zhao S Z, Tang X L, et al. Infiuence of calcination temperature on the hydrolysis of carbonyl sulfide over hydrotalcite – derived Zn – Ni – Al catalyst ［J］. Catalysis Communications, 2011, 12: 1492 ~ 1495.

［93］ Yi H H, Wang H Y, Tang X L, et al. Effect of Calcination Temperature on Catalytic Hydrolysis of COS over CoNiAl Catalysts Derived from Hydrotalcite Precursor ［J］. Industrial and Engineering Chemistry Research, 2011, 50: 13273 ~ 13279.

［94］ Zhao S Z, Yi H H, Tang X L, et al. Effect of Ce – doping on catalysts derived from hydrotalcite – like precursors for COS hydrolysis ［J］. Journa of Rare Earths, 2010, 28: 329.

［95］ Eiji S. Characterization of Reaction between ZnO and COS ［J］. Industrial and Engineering Chemistry Research, 1996, 35: 2389 ~ 2394.

［96］ Sahibed – Dine A, Aboulayt A, Bensitel M, et al. IR study of CS$_2$ adsorption on metal oxides: relation with their surface oxygen basicity and mobility ［J］. Journal of Molecular Catalysis A: Chemical, 2000, 162: 125 ~ 134.

［97］ 林建英, 郭汉贤, 谢克昌. 羰基硫水解催化剂的失活行为研究 ［J］. 宁夏大学学报, 2001, 22 (2): 192 ~ 194.

［98］ 梁美生, 李春虎, 郭汉贤, 等. 低温条件下羰基硫催化水解反应本征动力学的研究 ［J］. 催化学报, 2002, 23 (4): 357 ~ 362.

［99］ 梁美生, 李春虎, 郭汉贤, 等. 低温条件下二氧化碳存在时羰基硫催化水解本征动力学 ［J］. 燃料化学学报, 2003, 31 (2): 149 ~ 154.

［100］ 上官炬, 郭汉贤. 氧化铝基 COS、CS$_2$ 水解催化剂表面碱性和催化作用 ［J］. 分子催化, 1997, 11 (5): 337 ~ 342.

［101］ Wang L, Wu D G, Wang S, et al. Coupling catalytic hydrolysis and oxidation for CS$_2$ Removal ［J］. Journal of Environmental Sciences, 2008, 20: 436 ~ 440.

［102］ Liu J F, Liu Y C, Xue L, et al. Oxygen poisoning mechanism of catalytic hydrolysis of COS over Al$_2$O$_3$ at room temperature ［J］. Acta Physico – Chimica Sinica, 2007, 23 (7): 997 ~ 1002.

［103］ Colin R, Stewart A R, John W, et al. The low – temperature hydrolysis of carbonyl sulfide and carbon disulfide: a review [J]. Catalysis Today, 2000, 59 (3~4): 443~464.

[104] 周广林, 付元胜, 周红军. 常温 COS 水解催化剂的失活与再生 [J]. 石油化工, 2001, 30 (8): 602~604.

[105] 周广林, 周红军, 付元胜. 常温 COS 水解催化剂失活原因与对策 [J]. 大氮肥, 2000, 23 (2): 119~120.

[106] 王国兴, 黄新伟, 叶敬东, 等. T504 型常温 COS 水解催化剂的研制 [J]. 湖北化工, 1995, 1: 24~28.

[107] 黄劲, 李小定, 孔渝华. 羰基硫水解催化剂失活研究的现状与进展 [J]. 氮肥设计, 1995, 6 (33): 11~15.

[108] 于丽丽, 易红宏, 宁平, 等. 改性活性炭水解 COS 催化剂的再生方法研究 [J]. 中南大学学报, 2011, 42 (3): 841~847.

[109] 李建伟, 李成岳, 刘金盾, 等. 还原气氛中 γ-906 型催化剂上羰基硫水解动力学研究 [J]. 工业催化, 1996, 2: 23.

[110] 李建伟, 刘金盾, 张永战, 等. CO₂ 气氛中 T-24 催化剂上羰基硫催化动力学研究 [J]. 郑州工业大学学报, 1996, 17 (4): 19~26.

[111] 李建伟, 张永战, 方文骥. 惰性气氛中能够活性氧化铝催化剂上羰基硫水解动力学研究 [J]. 郑州工学院学报, 1994, 15 (2): 102~107.

[112] 郭汉贤, 苗茂谦, 张允强. TGH-3Q 羰基硫常低温水解催化剂及其应用 [J]. 小氮肥设计技术, 1999, 20 (3): 18~21.

[113] Williams B P, Young N C, John W, et al. Carbonyl sulphide hydrolysis using alumina catalysts [J]. Catalysis Today, 1999, 49: 99~104.

[114] Fiedcrow R, Léauté R, Dalla Lana I G. A study of the kinetics and mechanism of COS hydrolysis over alumina [J]. Journal of Catalysis, 1984, 85 (2): 339~348.

[115] Tong S. Catalytic hydrolysis of carbon disulfide and carbonyl sulfide [D]. Canada University of Alderta, 1992: 163.

[116] 上官炬, 郭汉贤. 氧化铝基催化剂上二硫化碳水解反应性的研究 [J]. 燃料化学学报, 1997, 25 (3): 277~283.

[117] Huisman H M, Vander B P, Dillen A J. Hydrolysis of carbon sulfides on titania and alumina catalysts: The influence of water [J]. Applied Catalysis A: General, 1994, 115: 157~171.

[118] Wang L, Wang S, Yuan Q. Removal of carbon disulfide: Experimental and modeling results [J]. Fuel, 2010, (87): 1716~1720.

[119] George Z M. Kinetics of cobalt-molybdate-catalyzed reactions of SO₂ with H₂S and COS and the hydrolysis of COS [J]. Journal of Catalysis, 1974, 32 (2): 261~271.

[120] Ivanov V A, Lavalley J C. Effect of sodium on the morphology and basicity of alumina [J]. Applied Catalysis A, 1995: 323~334.

[121] Akimoto M, Dalla Lana I G. Role of reduction sites in vapor-phase hydrolysis of carbonyl sulfide over alumina catalysts [J]. Journal of Catalysis, 1980, (62): 84.

［122］ Hoggan P E, Aboulayt A, Pieplu A, et al. Mechanism of COS Hydrolysis on Alumina ［J］. Journal of Catalysis, 1994, 149 (2): 300～306.

［123］ Wilson C, Hirst D M. High－level abinitio study of the reaction of OCS with OH radicals ［J］. Journal of the Chemical Society, Faraday Trans. 1995, 91: 793～798.

［124］ Hanaoka T, Minowa T. Simultaneous removal of H_2S and COS using activated carbons and their supported catalysts ［J］. Catalysis Today, 2005, 104: 94～100.

［125］ 赵西平. 纳米氧化物与 CS_2 催化水解和 VOC 光催化氧化 ［D］. 上海: 复旦大学: 2003.

［126］ 郭晓汾. CS_2 在氧化铝基催化剂上的吸附行为和水解机理的研究 ［D］. 太原: 太原工业大学: 1996.

［127］ 王丽, 李福林, 吴迪镛, 等. 催化水解－氧化耦合一步法脱除二硫化碳的研究 ［J］. 燃料化学学报, 2004, 32 (4): 466～470.

［128］ Tsybulevskii A M, Kapustin G I, Brueva T R. The nature of activity of the alumina catalysis in thereaction of carbon disulfide hydrolysis ［J］. Kinetics and Catalysis, 1998, 39 (1): 138～145.

［129］ 邹丰楼, 李春虎, 沈芳, 等. CS_2 水解催化剂活性与表面碱分布的研究 ［J］. 燃料化学学报, 1998, 26 (3): 234～237.

［130］ 张文郁, 解秀清, 孙予罕. 焙烧温度对 $TiO_2-Al_2O_3$ 催化剂制备的影响 ［J］. 燃料化学学报, 2001, 29 (增刊): 77～79.

［131］ 邹丰楼, 李春虎, 郭汉贤. CS_2 水解催化反应动力学补偿效应 ［J］. 分子催化, 1997, 11 (2): 138～144.

［132］ Li W, Peng J H, Zhang L B, et al. Preparation of activated carbon from coconut shell chars in pilot－scale microwave heating equipment at 60 kW ［J］. Waste Management, 2009, 29: 756～760.

［133］ Duan X H, Srinivasakannan C, Peng J H, et al. Preparation of activated carbon from Jatropha hull with microwave heating: Optimization using response surface methodology ［J］. Fuel Processing Technology, 2011, 92: 394～400.

［134］ Yang K B, Peng J H, Srinivasakannan C, et al. Preparation of high surface area activated carbon from coconut shells using microwave heating ［J］. Bioresource Technology, 2010, 101: 6163～6169.

［135］ 何丹. 活性炭基二硫化碳水解催化剂的筛选及动力学研究 ［D］. 昆明: 昆明理工大学: 2012.

［136］ Yi H H, He D, Tang X L, et al. Effects of preparation conditions for active carbon－based catalyst on catalytic hydrolysis of carbon disulfide ［J］. Fuel, 2012, 97: 337～343.

［137］ Ning P, Li K, Yi H H, et al. Simultaneous Catalytic Hydrolysis of Carbonyl Sulfide and Carbon Disulfide over Modified Microwave Coal－Based Active Carbon Catalysts at Low Temperature ［J］. The Journal of Physical Chemistry C, 2012, 116 (32): 17055～17062.

［138］ Kozlowski M. XPS study of reductively and non－reductively modified coals ［J］. Fuel,

2004, 83: 259~265.

[139] He D, Yi H H, Tang-X L, et al. The catalytic hydrolysis of carbon disulfide on Fe – Cu – Ni/AC catalyst at low temperature [J]. Journal of Molecular Catalysis A: Chemical, 2012, 357: 44~49.

[140] Wang L, Wu D Y, Wang S D, et al. A Novel Desulfuring Agent for CS$_2$ Removal by Couple Processing [J]. Journal of the Chinese rare earth society. 2005, 23: 35~39. (China)

[141] Wang X Q, Qiu J, Ning P, et al. Adsorption/desorption of low concentration of carbonyl sulfide by impregnated activated carbon under micro – oxygen conditions [J]. Journal of Hazardous Materials, 2012, 229~230: 128~136.

[142] Hellmut G K, Dalla I G. IR studies of sulfur dioxide adsorption on a Claus catalyst by selective poisoning of sites [J]. The Journal of Physical Chemistry, 1984, 88: 1538~1543.

[143] Huang C C, Chen C H, Chu S M. Effect of moisture on H$_2$S adsorption by copper impregnated activated carbon [J]. Journal of Hazardous Materials, 2006, 136: 866~873.

[144] Cavani F, Trifiro F, Vaccari A. Hydrotalcite – type anionic clays: Preparation, properties and applications [J] Catalysis Today, 1991, 11: 173~301.

[145] 尹元根. 多相催化剂的研究方法 [M]. 北京: 化学工业出版社, 1988.

[146] 张毓明. 甲醇生产中精脱硫工艺及脱硫剂的选择 [J]. 工业催化, 1994, (3): 47~52.

附录　书中主要的字母缩写和符号说明

COS：羰基硫

CS_2：二硫化碳

H_2S：硫化氢

MCAC：微波煤质活性炭

MCSAC：微波椰壳活性炭

η_{COS}：COS 去除效率，%

C_0：COS 进口平均浓度，mg/m^3

C_i：COS 出口浓度（$i=1，2，3，\cdots$），mg/m^3

η_{CS_2}：CS_2 去除效率，%

C_0'：CS_2 进口平均浓度，mg/m^3

C_i'：CS_2 出口浓度（$i=1，2，3，\cdots$），mg/m^3

r_s：反应速率，$mmol/(min \cdot g)$

L：流量，mL/min

P：反应压力，Pa；

R：普朗克气体常数，$8.314J/(K \cdot mol)$

T：反应温度，K

C_0''：COS/CS_2 进口浓度，$\times 10^{-6}$

C_t''：COS/CS_2 出口浓度，$\times 10^{-6}$

W：催化剂质量，g

M：硫容，$mg(S)/g$

t：反应时间，min

冶金工业出版社部分图书推荐

书　名	作　者	定价(元)
安全原理	陈宝智　编著	20.00
氮氧化物减排技术与烟气脱硝工程	杨飏　编著	29.00
分析化学	张跃春　主编	28.00
钢铁冶金的环保与节能	李克强　等编著	39.00
高硫煤还原分解磷石膏的技术基础	马林转　等编著	25.00
合成氨弛放气变压吸附提浓技术	宁　平　等著	22.00
化工安全分析中的过程故障诊断	田文德　等编著	27.00
环境工程微生物学	林　海　主编	45.00
环境污染控制工程	王守信　等编著	49.00
环境污染物毒害及防护	李广科　等主编	36.00
环境影响评价	王罗春　主编	49.00
黄磷尾气催化氧化净化技术	王学谦　宁　平　著	28.00
矿山环境工程（第2版）	蒋仲安　主编	39.00
矿山重大危险源辨识、评价及预警技术	景国勋　杨玉中　著	42.00
煤化学（第2版）	何选明　主编	39.00
能源利用与环境保护	刘　涛　等主编	33.00
能源与环境	冯俊小　李君慧　主编	35.00
燃煤汞污染及其控制	王立刚　刘柏谦　著	19.00
日常生活中的环境保护	孙晓杰　赵由才　主编	28.00
生活垃圾处理与资源化技术手册	赵由才　宋　玉　主编	180.00
冶金过程废水处理与利用	钱小青　等主编	30.00
医疗废物焚烧技术基础	王　华　等著	18.00
有机化学（第2版）	聂麦茜　主编	36.00
噪声与电磁辐射	王罗春　等主编	29.00